한국산업인력공단

최신 출제기준·신규 과제 완벽 반영

제과제빵 기능사

실기시험

김현숙, 이판욱 지음

BM (주)도서출판 **성안당**

김현숙

대한민국 제과기능장
호텔 12년 근무
건국대학교 농축대학원 식품공학과 발효전공 졸업
우수논문상 수상(자일리톨과 유카추출물 첨가에 따른 스폰지 케이크의 물리 화학적 특성변화)
김포대학 호텔조리과 외래교수
신흥대학 호텔조리과 외래교수
현대전문학교 호텔제과제빵과 외래교수
고려전문학교 호텔제과제빵과 외래교수
인천문예학교 재직자반 제과제빵 강사
강화시설관리공단 여성회관 제과제빵 강사
고양시 시설관리공단 문화의집 제과제빵 강사
서울특별시 서부여성발전센터 제과제빵 초콜릿반 강사
서울특별시 여성능력개발원 초콜릿반 · 홈베이킹반 강사
고양여성회관 브런치 & 웰빙빵반 강사
김포여성회관 제과제빵 · 홈베이킹 강사
김현숙 홈베이킹 스튜디오 대표

이판욱

대한민국 제과기능장
빵굼터, 63베이커리 근무
뚜쥬루 베이커리 근무
(주)롯데제과 뚜쥬루 사업팀 근무
제과기능장 시험감독
청강문화산업대학 외래교수
동경제과학교 제과제빵 연수
블랑제리에비타숑 대표

경제가 발전하고, 사회가 다양화됨에 따라 우리의 생활 가운데 외국의 식생활이 많이 도입되었다. 그에 따라 우리의 식생활도 많은 변화가 생겼는데 그 중 하나를 예로 들면 아침 식사의 변화일 것이다. 예전에는 주식으로 밥만 고집하던 사람도 토스트와 우유로 간편하게 식사를 때우는 경우가 많아졌다. 이렇게 빵 문화가 간식이 아닌 주식으로 자리잡게 됨에 따라 제과ㆍ제빵에 대한 관심 또한 높아졌다.

1974년부터 국가는 제과ㆍ제빵 분야에 자격제도를 도입하여 현장에서 제품을 생산하는 데 도움이 될 제과기술을 습득하도록 권장하고 있다. 그에 따라 대학에서 제과ㆍ제빵 관련 학과가 신설되고, 학원 및 복지관에서도 제과ㆍ제빵 교육이 활발해지고 있다.

이렇게 배울 수 있는 곳이 많이 생기다 보니, 주부들과 학생들의 제과ㆍ제빵 자격증에 대한 관심도 높아졌다. 그러나 관심만으로 자격증 취득에 걸리는 시간이나 여러 가지 여건이 쉽지 않은 것이 현실이다.

이처럼 제과ㆍ제빵 관련 자격증을 취득하고자 하는 분들에게 교재와 동영상 자료가 필요하게 되었고, 이런 시대 요구에 부응하기 위해 이 책이 만들어지게 된 것이다.

이 책에서는 제과ㆍ제빵 실기시험에 적합하게 각 단계별로 자세히 설명했으며, 동영상과 함께 공부하면, 누구나 쉽게 따라 할 수 있도록 구성하였다. 아울러 각 과정에서 놓치지 말아야 할 핵심 포인트를 직접 체크함으로써 자격증을 취득하는 데 한층 수월하게 하였다.

아무쪼록, 이 책이 제과ㆍ제빵 자격증을 준비하시는 모든 분들께 도움이 되길 바란다.

끝으로 이 책을 출판할 수 있도록 도움을 주신 성안당 관계자 분들과 동영상 촬영에 많은 도움을 주신 한미제과학원의 원장님과 실장님, 가족들에게 감사드리는 바이다.

김현숙

차례

제과 · 제빵 재료	006
제과 · 제빵 도구	010
제과 · 제빵기능사 시험 안내	012
제과 · 제빵기능사 특이사항	017
제과 · 제빵기능사 실기시험 출제기준	018
제과 · 제빵기능사 실기시험 품목	026

01   제과기능사 실기

제과 실기 핵심정리	030
제과 핵심이론	032
1. 초코 머핀(초코 컵케이크)	036
2. 버터 스펀지케이크(별립법)	038
3. 젤리 롤 케이크	040
4. 소프트 롤 케이크	042
5. 버터 스펀지케이크(공립법)	044
6. 마들렌	046
7. 쇼트 브레드 쿠키	048
8. 슈	050
9. 브라우니	052
10. 과일 케이크	054
11. 파운드 케이크	056
12. 다쿠와즈	058
13. 타르트	060
14. 흑미 롤 케이크(공립법)	062
15. 시폰 케이크(시폰법)	064
16. 마데라(컵) 케이크	066
17. 버터 쿠키	068
18. 치즈 케이크	070
19. 호두파이	072
20. 초코 롤 케이크	074

02 제빵기능사 실기

제빵 실기 핵심정리	078
제빵 핵심이론	080

1. 빵 도넛	094
2. 소시지빵	096
3. 식빵(비상 스트레이트법)	098
4. 단팥빵(비상 스트레이트법)	100
5. 그리시니	102
6. 밤 식빵	104
7. 베이글	106
8. 스위트 롤	108
9. 우유 식빵	110
10. 단과자빵(트위스트형)	112
11. 단과자빵(크림빵)	114
12. 풀먼 식빵	116
13. 단과자빵(소보로빵)	118
14. 쌀 식빵	120
15. 호밀빵	122
16. 버터 톱 식빵	124
17. 옥수수 식빵	126
18. 모카빵	128
19. 버터 롤	130
20. 통밀빵	132

03 제과 · 제빵 취미품목

콘 페이스트리	136
파테토네	137
코요타(중국호떡)	138
찹쌀 바게트	139
콘 브레드	140
호두파이	141
블루베리 머핀	142
파인애플 업사이드	143
녹차 시폰	144
카스테라	145
크림치즈 케이크	146
호박 파이	147
호박 케이크	148
클래식 쇼콜라	149
월넛 초코 쿠키	150
아몬드(코코넛)튀일 – 전병	151
콘 후레이크 쿠키	152
개구리 쿠키	153
영떡	154
송이볼	155
구겔 호프	156
아몬드 크림(미니 아몬드 케이크)	157
냉동 아몬드 쿠키	158
냉동 피넛 쿠키	159
샤브레 쿠키(냉동)	160
초코 샤브레 쿠키	161

제과 · 제빵 재료

코코아 가루

코코아 매스에서 코코아 버터를 약 2/3 정도 추출해 낸 후 그 나머지를 분말로 만든 것으로 알칼리 처리한 것과 처리하지 않은 더치 코코아로 구분할 수 있다.

쇼트닝

라드의 대용품으로 제조되었으며, 바삭바삭한 식감을 주는 재료이다. 주로 쿠키나 케이크, 파이 등에 이용된다.

강력분

주로 제빵용으로 사용되며, 입자가 거칠고 밀가루 단백질인 글루텐 함량이 11~13% 정도이다.

마가린

버터의 대용품으로 제조되었으며, 테이블 마가린, 제빵용 마가린, 파이용 마가린으로 분류되어 이용된다.

박력분

주로 과자용으로 사용되며, 입자가 미세하고 곱고 밀가루 단백질인 글루텐 함량이 7~9% 정도이다.

건포도

포도를 건조한 것으로 주로 빵, 케이크, 쿠키, 머핀 등에 고루 이용된다.

중력분

주로 제면용이나 다목적용으로 사용되며, 밀가루 단백질인 글루텐 함량이 9~10% 정도이다.

베이킹 파우더

중조, 전분, 산염 등을 1/3씩 함유하고 있으며, 60℃ 이하에서 작업해야 미리 활성화되는 것을 방지할 수 있다.

버터

우유에서 지방을 분리하여 제조한 것으로 풍미가 좋으며 주로 빵이나 반죽형 케이크에 이용된다. 반드시 밀봉하여 냉장 보관하여야 한다.

베이킹 소다

코코아를 이용한 제품을 만들 때 주로 사용하는 팽창제이다.

아몬드 슬라이스

통아몬드를 얇게 자른 것으로 장식용이나, 제과 제품 제조 시 사용하기도 한다.

설탕

제빵, 제과의 재료이며 감미, 발효조절, 향과 색깔을 내는 데 중요한 역할을 한다. 제과 제품 제조 시 넣는 양에 따라 공기포집 및 구운 후 부피에 큰 영향을 준다.

오렌지 필

오렌지 껍질을 잘라 건조 후 당절임한 것으로 쿠키나 케이크에 이용된다.

호두

대표적인 견과류로서 쿠키, 케이크 제조에 많이 이용되며, 산패되기 쉬우므로 밀봉 후 냉동 보관한다.

다크 초콜릿

쓴맛이 나는 초콜릿으로, 큰판이나 드롭형으로 사용하기 편리하게 제조된다. 쿠키, 케이크에 이용되며 녹일 때 47℃가 넘지 않게 한다.

계피분

껍질을 이용한 것으로, 스틱이나 분말인 계피분으로 제빵용, 제과용으로 쓰인다.

호밀 가루

주로 빵에 이용되며, 펜토산 함량이 높고 반죽에서 끈적끈적한 것이 특징이다.

옥수수 가루

옥수수를 가루로 낸 것으로, 주로 제빵용이나 쿠키, 케이크에 이용되며, 반죽에서 끈적거리는 성질이 있다.

소금

제빵에 있어서 발효 조절과 풍미를 내는 데 필수 재료이며, 건조하게 보관한다.

분유

원유를 탈수·건조시킨 것으로 지방이 함유된 전지분유와 지방을 제거한 탈지분유로 나뉜다. 반죽에 분유 1%를 사용하면 물을 1% 증가시켜야 하며, 껍질 색과 맛에 영향을 준다.

개량제

반죽에서 사용하는 물을 개선하고 발효를 도와주는 역할(이스트의 영양원)을 하며, 반죽의 물성을 개량해준다.

적포도주

색이 짙은 포도를 발효한 술로서 주로 제과용으로 이용된다.

활성 글루텐

밀가루 단백질을 물과 혼합 후얻은 것으로 밀가루 단백질이부족한 제품에 이용된다.

럼주

당밀을 발효시켜 만든 술로서제과용으로 이용된다.

슈거 파우더(분당)

설탕을 분쇄한 것으로 뭉치는것을 방지하기 위해 3% 정도전분이 함유되어 있다.

유화제

주로 제과용으로 쓰이며, 제품의 부피와 공기포집에 영향을 준다.

전분

옥수수나 감자, 고구마 등에서 추출한 것으로 커스타드크림이나 사과파이 내용물의농후화제로 이용된다.

참깨

제과용으로 쓰이며, 고소한 맛을 내고 장식용으로 쓰인다.

황치즈 가루

유당에 황치즈 맛을 첨가한 것으로 머핀이나 쿠키에 이용된다.

캐러멜 색소

제품에 색을 낼 때 사용되며,롤 케익이나 밤과자 제조 시사용된다.

달걀

제과 제조 시 필수 재료이며, 노른자와 흰자의 상태에 따라 기포력에 차이가 난다.

연유

우유의 수분을 1/3로 줄인 것으로 주로 제과용으로 쓰이며, 우유의 풍미를 낼 때 사용한다.

피자치즈

피자 제조 시 이용되며, 모짜렐라 치즈라고도 한다. 쉽게 상하므로 냉동 보관한다.

체리

주로 마라스치노 체리를 이용하며, 빨간색과 초록색으로 물들인 것이 있다.

사과잼

사과를 설탕과 졸여서 만든 것으로 주로 제과용으로 이용된다.

팥앙금

붉은 팥을 껍질째 삶아서 가공한 것으로 주로 제빵, 제과용으로 이용된다.

물엿

전분을 가수분해하여 만든 감미제로서 보습성, 재결정 방지, 껍질색 개선 등을 위해 사용된다.

백앙금

붉은 팥의 껍질을 제거한 후에 가공한 것으로 주로 밤과자나 제과용으로 이용한다.

바닐라 에센스

바닐라 빈을 발효시켜 만든 것으로 쿠키, 케이크에 이용되며, 달걀 특유의 냄새를 제거하는 데 효과적이다.

식용유

주로 식물성이며, 튀김용이나 제과용으로 이용된다.

제과 · 제빵 도구

원형틀

케이크를 제조하기 위한 틀로서 종이나 실리콘 종이를 깔고 사용하며, 버터를 바르고 밀가루로 팬에 코팅을 하여 사용하기도 한다. 크기는 지름 15cm가 1호이며 커질수록 호수도 커진다.

밀대

반죽을 길게 늘여 펴거나 롤 제조 시 말 때 사용된다.

사각틀

파운드나 식빵 제조 시 사용한다. 파운드는 종이를 깔고 사용하며, 식빵은 팬 안쪽에 기름을 바르고 사용한다.

주걱

고무나 실리콘으로 되어 있으며 남은 재료를 긁어 주거나 섞는 데 유용하다. 끝부분이 마모되거나 휘면 새로이 교체해주어야 한다.

시폰팬

가운데 구멍이 나 있으며 몸체를 분리할 수 있어서 편리하다. 사용 시 팬 안쪽에 유지 대신 물을 뿌려 사용한다.

스크래퍼

반죽을 고르게 펼 때나 분할 시 이용되며, 플라스틱(둥근 것, 각진 것)이나 스테인리스로 된 것이 있다.

주름 파이팬

파이 제조 시 사용하며 옆에 무늬가 있고 몸체가 분리되어 구운 후 파이를 쉽게 꺼낼 수 있다.

거품기

달걀을 풀거나 거품 낼 때 버터 교반 시 사용되며 손잡이가 견고한 것이 좋다.

스패츌러

케이크 제조 시 크림을 바르거나 장식할 때 주로 이용하는 도구이다.

모양틀(마들렌, 머핀틀, 피낭시에틀)

모양과 반죽법에 따라 사용하는 틀이 다르나, 버터 칠 후에 밀가루를 살짝 뿌려 사용한다.

붓

식용 붓으로 사용하며, 달걀물 칠이나 용해 버터 등을 바를 때 사용한다. 털이 빠지지 않게 주의한다.

돌림판

스테인리스와 플라스틱, 주물 등 여러 재질이 있으며, 케이크를 아이싱할 때 주로 이용된다.

온도계

반죽의 온도를 잴 때 반죽 속에 찔러서 사용한다.

저울

제과, 제빵의 필수 도구로서 디지털 저울이 정확하다. 평평한 곳에 두고 사용하며, 충격을 주면 쉽게 망가지므로 조심히 다루어야 한다.

스테인리스 볼

반죽 제조 시 이용된다.

그릴, 철망

뜨거운 빵이나 케이크를 꺼내어 식힐 때 사용한다.

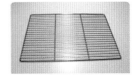
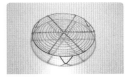

전기 오븐

가정용으로 위, 아래에 불이 있어 가스 오븐에 비해 타지 않고 색깔이 잘 나타난다. 오븐마다 온도가 조금씩 다르므로 시간에 의존하기 보다는 상태를 보고 완제품을 정한다.

빵팬

쿠키나 롤케이크 제조 시에 사용하며, 사용 후 날카로운 것으로 긁으면 상처가 나므로 부드러운 천으로 닦아 준다.

분당체

분당같은 고운 가루를 내릴 때 사용하며, 주로 장식용에 쓰인다.

쿠키 커터

쿠키 제조 시 반죽을 밀어서 편 뒤에 원하는 모양으로 찍어낸다.

제과 · 제빵기능사 시험안내

❶ 개요
제과 · 제빵에 관한 숙련기능을 가지고 제과 · 제빵 제조와 관련되는 업무를 수행할 수 있는 능력을 가진 전문인력을 양성하고자 자격제도를 제정했다.

❷ 수행직무
제과 · 제빵제품 제조에 필요한 재료의 배합표를 작성하며 재료를 평량하고 각종 제과 · 제빵용 기계 및 기구를 사용하여 반죽, 발효, 성형, 굽기, 장식, 포장 등의 공정을 거쳐 각종 제과 제품 및 빵류를 만드는 업무를 수행한다.

❸ 진로 및 전망
식빵류, 과자빵류를 제조하는 제빵 전문업체, 비스킷류, 케익류 등을 제조하는 제과 전문 생산업체, 빵 및 과자류를 제조하는 생산업체, 손작업을 위주로 빵과 과자를 생산 판매하는 소규모 빵집이나 제과점, 관광업을 하는 대기업의 제과 · 제빵부서, 기업체 및 공공기관의 단체 급식소, 장기간 여행하는 해외 유람선이나 해외로 취업이 가능하다. 현재 자격이 있다고 해서 취직에 결정적인 요소로 작용하는 것은 아니지만, 제과점에 따라 자격수당을 주며, 인사고과 시 유리한 혜택을 받을 수 있다. 해당 직종이 점차로 전문성을 요구하는 방향으로 나아가고 있어 제과 · 제빵사를 직업으로 선택하려는 사람에게는 필요한 자격직종이다.

❹ 취득방법
① 시행처 : 한국산업인력공단
② 관련학과 : 전문계 고교 식품가공과, 제과제빵과, 대학 및 전문대학 제과제빵 관련학과 등
③ 시험과목
  〈제과기능사〉
  • 필기 : 과자류 재료, 제조 및 위생관리
  • 실기 : 제과 실무
  〈제빵기능사〉
  • 필기 : 빵류 재료, 제조 및 위생관리
  • 실기 : 제빵 실무
④ 검정방법
  • 필기 : 객관식 4지 택일형, 60문항(60분)
  • 실기 : 작업형(2~4시간 정도)

⑤ 합격기준 : 100점 만점에 60점 이상

⑥ 응시자격 : 제한 없음

❺ 유의사항

① 항목별 배점은 제조공정 55점, 제품평가 45점이며, 요구사항 외의 제조방법 및 채점기준은 비공개입니다.

② 시험시간은 재료 전처리 및 계량시간, 제조, 정리정돈 등 모든 작업과정이 포함된 시간입니다(감독위원의 계량확인 시간은 시험시간에서 제외).

③ 수험자 인적사항은 검은색 필기구만 사용하여야 합니다. 그 외 연필류, 유색 필기구, 지워지는 펜 등은 사용이 금지됩니다.

④ 시험 전과정 위생수칙을 준수하고 안전사고 예방에 유의합니다.

  • 시작 전 간단한 몸 풀기(스트레칭) 운동을 실시한 후 시험을 시작하십시오.
  • 위생복장의 상태 및 개인위생(장신구, 두발·손톱의 청결 상태, 손 씻기 등)의 불량 및 정리정돈 미흡 시 위생항목 감점처리 됩니다.

⑤ 다음 사항은 실격에 해당하며 채점대상에서 제외됩니다.

  • 수험자 본인이 수험 도중 시험에 대한 포기 의사를 표현하는 경우
  • 위생복 상의, 위생복 하의(또는 앞치마), 위생모, 마스크 중 1개라도 착용하지 않은 경우
  • 시험시간 내에 작품을 제출하지 못한 경우
  • 수량(미달), 모양을 준수하지 않았을 경우
    – 요구사항에 명시된 수량 또는 감독위원이 지정한 수량(시험장별 팬의 크기에 따라 조정 가능)을 준수하여 제조하고, 잔여 반죽은 감독위원의 지시에 따라 별도로 제출하시오.
    – 지정된 수량 초과, 과다 생산의 경우는 총점에서 10점을 감점합니다.
      (단, 'ㅇ개 이상'으로 표기된 과제는 제외합니다.)
    – 반죽 제조법(공립법, 별립법, 시폰법 등)을 준수하지 않은 경우는 제조공정에서 반죽 제조 항목을 0점 처리하고, 총점에서 10점을 추가 감점합니다.
  • 상품성이 없을 정도로 타거나 익지 않은 경우
  • 지급된 재료 이외의 재료를 사용한 경우
  • 시험 중 시설·장비의 조작 또는 재료의 취급이 미숙하여 위해를 일으킬 것으로 감독위원 전원이 합의하여 판단한 경우

⑥ 의문 사항이 있으면 감독위원에게 문의하고, 감독위원의 지시에 따릅니다.

❻ 제과기능사 지참준비물 목록

번호	재료명	규격	단위	수량	비고
1	계산기	계산용	EA	1	필요 시 지참
2	고무주걱	중	EA	1	제과용
3	국자	소	EA	1	
4	나무주걱	제과용, 중형	EA	1	제과용
5	마스크	일반용	EA	1	미착용 시 실격
6	보자기	면(60×60cm)	장	1	
7	분무기		EA	1	
8	붓		EA	1	제과용
9	스쿱	재료계량용	EA	1	재료계량 용도의 소도구 지참(스쿱, 계량컵, 주걱, 국자, 쟁반, 기타 용기 등 사용가능)
10	실리콘페이퍼	테프론시트	기타	1	필수준비물은 아니며 수험생 선택사항입니다.
11	오븐장갑	제과제빵용	켤레	1	
12	온도계	제과제빵용	EA	1	유리제품 제외
13	용기 (스텐 또는 플라스틱)	소형	EA	1	스테인리스볼, 플라스틱용기 등 필요 시 지참(수량 제한 없음)
14	위생모	흰색	EA	1	미착용 시 실격, 기관 및 성명 표식이 없는 것, 상세안내 참조
15	위생복	흰색(상하의)	벌	1	미착용 시 실격, 기관 및 성명 등의 표식이 없는 것(하의는 앞치마 대체 가능), 상세안내 참조
16	자	문방구용 (30~50㎝)	EA	1	
17	작업화		EA	1	위생화 또는 작업화, 기관 및 성명 등의 표식이 없는 것, 상세안내 참조
18	저울	조리용	대	1	시험장에 저울 구비되어 있음, 수험자 선택사항으로 개인용 필요 시 지참, 측정단위 1g 또는 2g, 크기 및 색깔 등의 제한 없음, 제과용 및 조리용으로 적합한 저울일 것
19	주걱	제빵용, 소형	EA	1	제빵용
20	짤주머니		EA	1	모양깍지는 검정장시설로 별, 원형, 납짝톱니 모양이 구비되어 있으나, 수험생 별도 지참도 가능합니다.
21	칼	조리용	EA	1	
22	필러칼	조리용	EA	1	사과파이 제조 시 사과 껍질 벗기는 용도, 필요 시 지참
23	행주	면	EA	1	
24	흑색볼펜	사무용	EA	1	

❼ 제빵기능사 지참준비물 목록

번호	재료명	규격	단위	수량	비고
1	계산기	휴대용	EA	1	필요 시 지참
2	고무주걱	중	EA	1	제과용
3	국자	소	EA	1	
4	나무주걱	제과용, 중형	EA	1	제과용
5	마스크	일반용	EA	1	미착용 시 실격
6	보자기	면(60×60cm)	장	1	
7	분무기		EA	1	제과제빵용
8	붓		EA	1	제과제빵용
9	스쿱	재료계량용	EA	1	재료계량 용도의 소도구 지참(스쿱, 계량컵, 주걱, 국자, 쟁반, 기타 용기 등 사용가능)
10	오븐장갑	제과제빵용	켤레	1	
11	온도계	제과제빵용	EA	1	유리제품 제외
12	용기(스텐 또는 플라스틱)	소형	EA	1	스테인리스볼, 플라스틱용기 등 필요 시 지참(수량 제한 없음)
13	위생모	백색(또는 스카프)	EA	1	미착용 시 실격, 기관 및 성명 표식이 없는 것, 상세안내 참조
14	위생복	백색(상, 하)	벌	1	미착용 시 실격, 기관 및 성명 표식이 없는 것, 상세안내 참조
15	자	문방구용(30~50cm)	SET	1	
16	작업화		EA	1	위생화 또는 작업화, 기관 및 성명 등의 표식이 없을 것, 상세안내 참조
17	저울	조리용	대	1	시험장에 저울 구비되어 있음, 수험자 선택사항으로 개인용 필요 시 지참, 측정단위 1g 또는 2g, 크기 및 색깔 등의 제한 없음, 제과용 및 조리용으로 적합한 저울일 것
18	주걱	제빵용, 소형	EA	1	제빵용
19	짤주머니		EA	1	제과제빵용, 모양깍지는 검정장시설로 별, 원형, 납짝톱니가 구비되어 있으나 수험생 별도 지참도 가능합니다.
20	칼	조리용	EA	1	
21	행주	면	EA	1	
22	흑색볼펜	사무용	EA	1	

【 제과 · 제빵기능사 전과제 공통 】
※ 개인용 저울 지참 가능
- 수험자 선택 사항으로 필요시 지참
- 측정단위는 1g 또는 2g
- 크기 및 색깔 등은 제한 없음
- 제과용, 조리용으로 적합한 저울(위생불량할 경우 위생점수 전체 0점)
※ 재료 계량 용도의 소도구(계량컵, 스쿱, 주걱, 국자, 쟁반, 기타 용기 등) 사용 가능

【 제과기능사 전체 】
※ 전과제는 반죽기(믹서) 사용 또는 수작업 반죽(믹싱)이 모두 가능함을 참고하시기 바랍니다.

❽ 위생상태 및 안전관리 세부기준

순번	구분	세부기준	채점기준
1	위생복 상의	• 전체 흰색, 기관 및 성명 등의 표식이 없을 것 • 팔꿈치가 덮이는 길이 이상의 7부·9부·긴소매(수험자 필요에 따라 흰색 팔토시 가능) • 상의 여밈은 위생복에 부착된 것이어야 하며 벨크로(일명 찍찍이), 단추 등의 크기, 색상, 모양, 재질은 제한하지 않음(단, 금속성 부착물·배지, 핀 등은 금지) • 팔꿈치 길이보다 짧은 소매는 작업 안전상 금지 • 부직포, 비닐 등 화재에 취약한 재질 금지	• 미착용, 평상복(흰 티셔츠 등), 패션모자(흰털모자, 비니, 야구모자 등)→실격 • 기준 부적합 → 위생 0점 　－제과용/식품가공용이 아닌 경우(화재에 취약한 재질 및 실험복 형태의 영양사·실험용 가운은 위생 0점) 　－(일부) 유색/표식이 가려지지 않은 경우 　－반바지·치마 등 　－위생모가 뚫려있어 머리카락이 보이거나, 수건 등으로 감싸 바느질 마감 처리가 되어있지 않고 풀어지기 쉬워 일반 제과제빵 작업용으로 부적합한 경우 등 　－위생복의 개인 표식(이름, 소속)은 테이프로 가릴 것 　－제과제빵·조리도구에 이물질(예, 테이프) 부착 금지
2	위생복 하의 (앞치마)	• 흰색 긴 바지 위생복 또는 (색상 무관) 평상복 긴 바지+흰색 앞치마 • 흰색 앞치마 착용 시, 앞치마 길이는 무릎 아래까지 덮이는 길이일 것 • 평상복 긴 바지의 색상·재질은 제한이 없으나, 부직포·비닐 등 화재에 취약한 재질이 아닐 것 • 반바지·치마·폭넓은 바지 등 안전과 작업에 방해가 되는 복장은 금지	
3	위생모	• 전체 흰색, 기관 및 성명 등의 표식이 없을 것 • 빈틈이 없고, 일반 제과점에서 통용되는 위생모(크기 및 길이, 재질은 제한 없음) • 흰색 머릿수건(손수건)은 머리카락 및 이물에 의한 오염 방지를 위해 착용 금지	
4	마스크	• 침액 오염 방지용으로, 종류는 제한하지 않음(단, 감염병 예방법에 따라 마스크 착용 의무화 기간에는 '투명 위생 플라스틱 입가리개'는 마스크 착용으로 인정하지 않음)	• 미착용 → 실격
5	위생화 (작업화)	• 색상 무관, 기관 및 성명 등의 표식 없을 것 • 조리화, 위생화, 작업화, 운동화 등 가능 　(단, 발가락, 발등, 발뒤꿈치가 모두 덮일 것) • 미끄러짐 및 화상의 위험이 있는 슬리퍼류, 작업에 방해가 되는 굽이 높은 구두, 속 굽 있는 운동화 금지	• 기준 부적합 → 위생 0점
6	장신구	• 일체의 개인용 장신구 착용 금지 　(단, 위생모 고정을 위한 머리핀은 허용) • 손목시계, 반지, 귀걸이, 목걸이, 팔찌 등 이물, 교차오염 등의 식품위생 위해 장신구는 착용하지 않을 것	• 기준 부적합 → 위생 0점
7	두발	• 단정하고 청결할 것, 머리카락이 길 경우 흘러내리지 않도록 머리망을 착용하거나 묶을 것	• 기준 부적합 → 위생 0점
8	손/손톱	• 손에 상처가 없어야 하나, 상처가 있을 경우 보이지 않도록 할 것 (시험위원 확인 하에 추가 조치 가능) • 손톱은 길지 않고 청결하며 매니큐어, 인조손톱 등을 부착하지 않을 것	• 기준 부적합 → 위생 0점
9	위생관리	• 재료, 조리기구 등 조리에 사용되는 모든 것은 위생적으로 처리하여야 하며, 제과제빵용으로 적합한 것일 것	• 기준 부적합 → 위생 0점
10	안전사고 발생 처리	• 칼 사용(손 벰) 등으로 안전사고 발생 시 응급조치를 하여야 하며, 응급조치에도 지혈이 되지 않을 경우 시험 진행 불가	－

※ 일반적인 개인위생, 식품위생, 작업장 위생, 안전관리를 준수하지 않을 경우 감점처리 될 수 있습니다.

제과·제빵기능사 특이사항

※ 공개문제 검색 방법

- Q-net 홈페이지 → 고객지원 → 자료실 → 공개문제 → '종목별' 입력 후 검색
- 시험장별 재료 계량용 저울의 눈금 표기가 상이하여(짝수/홀수), 배합표의 표기를 '홀수(짝수)' 또는 '소수점(정수)'의 형태로 병행 표기하여 기재합니다.
  - 시험장의 저울 눈금표시 단위에 맞추어 시험장 감독위원의 지시에 따라 올림 또는 내림으로 계량할 수 있음을 참조하시기 바랍니다.
  - 시험장의 저울을 사용하거나, 수험자가 개별로 지참한 저울을 사용하여 계량합니다(저울은 수험자 선택사항으로 필요 시 지참).
  - 배합표에 비율(%) 60~65. 무게(g) 600~650과 같이 표기된 과제는 반죽의 상태에 따라 수험자가 물의 양을 조정하여 제조합니다.
  - 제과기능사, 제빵기능사 실기시험의 전체 과제는 '반죽기(믹서) 사용 또는 수작업 반죽(믹싱)'이 모두 가능함을 참고하시기 바랍니다(마데라컵케이크, 초코머핀 등의 과제는 수험자 선택에 따라 수작업 믹싱도 가능).

※ 요구사항에 반죽 방법(수작업)이 명시된 과제는 요구사항을 따라야 합니다.

※ 시험장에는 시간을 확인할 수 있는 공용시계가 구비되어 있으며, 시험시간의 종료는 공용시계를 기준으로 합니다. 만약, 수험자 개인 용도의 시계, 타이머를 지참하여 사용하고자 할 경우, 아래 사항에 유의하시기 바랍니다.

- 손목시계 착용 시 '장신구'에 해당하여 위생부분이 감점되므로 사용하지 않습니다.
- 탁상용 시계를 제조과정 중 재료 및 도구와 접촉시키는 등 비위생적으로 관리할 경우 위생부분 감점되므로, 유의합니다. 또한 시험시간은 공용시계를 기준으로 하므로 개인이 지참한 시계는 시험시간의 기준이 될 수 없음을 유념하시기 바랍니다.
- 타이머는 소리알람(진동)이 발생하지 않도록 '무음 및 무진동'으로 설정하여 사용합니다(다른 수험자에게 피해가 될 수 있으므로 특히 주의).
- 개인이 지참한 시계, 타이머에 의하여 소리알람(진동)이 발생하여 시험진행에 방해가 될 경우, 본부요원 및 감독위원은 수험자에게 개별적인 시계, 타이머 사용을 금지시킬 수 있습니다.

※ 단순 맞춤법, 문장순화를 위한 내용은 별도의 공지 없이 수정될 수 있습니다.

제과 · 제빵기능사 실기시험 출제기준

❶ 제과기능사

직무 분야	식품가공	중직무 분야	제과 · 제빵	자격 종목	제과기능사	적용 기간	2023.1.1.~ 2025.12.31.

- 직무내용 : 과자류제품을 제공하기 위한 체계적인 기술과 생산계획을 수립하여 판매, 생산, 위생 및 관련 업무를 실행하는 직무이다.
- 수행준거 : 1. 제품개발을 통해 결정된 제품별 배합표에 따라 재료를 계량하고, 제품종류에 맞는 반죽방법으로 반죽하며, 충전물을 제조할 수 있다.
  2. 작업 지시서에 따라 정한 크기로 나누어 원하는 제품모양으로 만드는 일련의 과정으로 다양한 과자류제품을 분할 팬닝하고 성형할 수 있다.
  3. 성형을 거친 반죽을 작업 지시서에 따라 굽기, 튀기기, 찌기 과정을 통해 익힐 수 있다.
  4. 외부환경으로부터 제품을 보호하기 위해 냉각, 장식, 포장할 수 있다.
  5. 제과에 사용되는 재료, 반제품, 완제품의 품질이 변하지 않도록 실온, 냉장, 냉동저장하고 매장에 적시에 제품을 제공할 수 있다.
  6. 완제품의 위생적이고 안전한 제조를 위해서 개인, 환경, 기기, 공정의 위생안전관리를 수행할 수 있다.
  7. 제품 생산 시작 전에 개인위생, 작업장 환경, 기기 · 도구에 대한 점검과 제품 생산에 필요한 재료를 계량할 수 있다.

실기검정방법	작업형	시험시간	3시간 정도

실 기 과목명	주요항목	세부항목	세세항목
제과 실무	1. 과자류제품 재료혼합	1. 재료 계량하기	1. 최종제품 규격서에 따라 배합표를 점검할 수 있다. 2. 제품별 배합표에 따라 재료를 준비할 수 있다. 3. 제품별 배합표에 따라 재료를 계량할 수 있다. 4. 제품별 배합표에 따라 정확한 계량여부를 확인할 수 있다.
		2. 반죽형 반죽하기	1. 반죽형 반죽제조 시 제품별로 배합표에 따라 재료를 확인할 수 있다. 2. 반죽형 반죽제조 시 재료의 특성에 따라 전처리를 할 수 있다. 3. 반죽형 반죽제조 시 작업지시서에 따라 해당 제품의 반죽을 할 수 있다. 4. 반죽형 반죽제조 시 작업지시서에 따라 반죽온도, 재료온도, 비중 등을 관리할 수 있다.
		3. 거품형 반죽하기	1. 거품형 반죽제조 시 제품별로 배합표에 따라 재료를 확인할 수 있다. 2. 거품형 반죽제조 시 재료의 특성에 따라 전처리를 할 수 있다. 3. 거품형 반죽제조 시 작업지시서에 따라 해당 제품의 반죽을 할 수 있다. 4. 거품형 반죽제조 시 작업지시서에 따라 반죽온도, 재료온도, 비중 등을 관리할 수 있다.
		4. 퍼프 페이스트리 반죽하기	1. 퍼프 페이스트리 반죽제조 시 제품별로 배합표에 따라 재료를 확인할 수 있다. 2. 퍼프 페이스트리 반죽제조 시 작업지시서에 따라 전처리를 할 수 있다. 3. 퍼프 페이스트리 반죽제조 시 작업지시서에 따라 반죽을 할 수 있다. 4. 퍼프 페이스트리 반죽제조 시 작업지시서에 따른 작업장온도, 유지온도, 반죽온도 등을 관리할 수 있다.

실 기 과목명	주요항목	세부항목	세세항목

		5. 충전물 제조하기	1. 충전물 제조 시 작업지시서에 따라 재료를 확인할 수 있다.
			2. 충전물 제조 시 재료의 특성에 따라 전처리를 할 수 있다.
			3. 충전물 제조 시 작업지시서에 따라 해당 제품의 충전물을 만들
			  수 있다.
			4. 충전물 제조 시 작업지시서의 규격에 따라 충전물의 품질을 점
			  검할 수 있다.

		6. 다양한 반죽하기	1. 다양한 제품 반죽 시 제품별로 배합표에 따라 재료를 확인할 수
			  있다.
			2. 다양한 제품 반죽 시 작업지시서에 따라 전처리를 할 수 있다.
			3. 다양한 제품 반죽 시 작업지시서에 따라 반죽을 할 수 있다.
			4. 다양한 제품 반죽 시 작업지시서의 규격에 따른 해당 제품 반
			  죽의 품질을 점검할 수 있다.

	2. 과자류제품 반죽정형	1. 분할 팬닝하기	1. 분할 팬닝 시 제품에 따른 팬, 종이 등 필요기구를 사전에 준비
			  할 수 있다.
			2. 분할 팬닝 시 작업지시서의 분할방법에 따라 반죽 양을 조절할
			  수 있다.
			3. 분할 팬닝 시 작업지시서에 따라 해당 제품의 분할 팬닝을 할 수
			  있다.
			4. 분할 팬닝 시 작업지시서에 따른 적정여부를 확인할 수 있다.

		2. 쿠키류 성형하기	1. 쿠키류 성형 시 작업지시서에 따라 정형에 필요한 기구, 설비를
			  준비할 수 있다.
			2. 쿠키류 성형 시 작업지시서에 따라 정형방법을 결정할 수 있다.
			3. 쿠키류 성형 시 제품의 특성에 따라 분할하여 정형할 수 있다.
			4. 쿠키류 성형 시 작업지시서의 규격여부에 따라 정형 결과를 확
			  인할 수 있다.

		3. 퍼프 페이스트리
		  성형하기
			1. 퍼프 페이스트리 성형 시 작업지시서에 따라 정형에 필요한 기
			  구, 설비를 준비할 수 있다.
			2. 퍼프 페이스트리 성형 시 작업지시서에 따라 반죽상태에 따른
			  정형방법을 결정할 수 있다.
			3. 퍼프 페이스트리 성형 시 제품의 특성에 따라 분할하여 정형 할
			  수 있다.
			4. 퍼프 페이스트리 성형 시 작업지시서의 규격여부에 따라 정형
			  결과를 확인할 수 있다.

		4. 다양한 성형하기	1. 다양한 제품 성형 시 작업지시서에 따라 정형에 필요한 기구, 설
			  비를 준비할 수 있다.
			2. 다양한 제품 성형 시 작업지시서에 따라 정형방법을 결정할 수
			  있다.
			3. 다양한 제품 성형 시 제품의 특성에 따라 분할, 정형할 수 있다.
			4. 다양한 제품 성형 시 작업지시서의 규격여부에 따라 정형결과
			  를 확인할 수 있다.

	3. 과자류제품 반죽익힘	1. 반죽 굽기	1. 굽기 시 작업지시서에 따라 오븐의 종류를 선택할 수 있다.
			2. 굽기 시 작업지시서에 따라 오븐 온도, 시간, 습도 등을 설정할
			  수 있다.
			3. 굽기 시 제품특성에 따라 오븐 온도, 시간, 습도 등에 대한 굽기
			  관리를 할 수 있다.
			4. 굽기완료 시 작업지시서에 따라 적합하게 구워졌는지 확인할 수
			  있다.

실 기 과목명	주요항목	세부항목	세세항목
		2. 반죽 튀기기	1. 튀기기 시 작업지시서에 따라 튀김류의 품질, 온도, 양을 맞출 수 있다. 2. 튀기기 시 작업지시서에 따라 양면이 고른 색상을 갖고 익도록 튀길 수 있다. 3. 튀기기 시 제품특성에 따라 제품이 서로 붙거나 기름을 지나치게 흡수되지 않도록 튀김관리를 할 수 있다. 4. 튀김 완료시 작업지시서에 따라 적합하게 튀겨졌는지 확인할 수 있다.
		3. 반죽 찌기	1. 찌기 시 작업지시서에 따라 찜기의 종류를 선택할 수 있다. 2. 찌기 시 작업지시서에 따라 스팀 온도, 시간, 압력 등을 설정할 수 있다. 3. 찌기 시 제품특성에 따라 스팀 온도, 시간, 압력 등에 대한 찌기 관리를 할 수 있다. 4. 찌기완료 시 작업지시서에 따라 적합하게 익었는지 확인할 수 있다.
	4. 과자류제품 포장	1. 과자류제품 냉각하기	1. 제품 냉각 시 작업지시서에 따라 냉각방법을 선택할 수 있다. 2. 제품 냉각 시 작업지시서에 따라 냉각환경을 설정할 수 있다. 3. 제품 냉각 시 설정된 냉각환경에 따라 냉각할 수 있다. 4. 제품 냉각 시 작업지시서에 따라 적합하게 냉각되었는지 확인할 수 있다.
		2. 과자류제품 장식하기	1. 제품 장식 시 제품의 특성에 따라 장식물, 장식방법을 선택할 수 있다. 2. 제품 장식 시 장식방법에 따라 장식조건을 설정할 수 있다. 3. 제품 장식 시 설정된 장식조건에 따라 장식할 수 있다. 4. 제품 장식 시 제품의 특성에 적합하게 장식되었는지 확인할 수 있다.
		3. 과자류제품 포장하기	1. 제품 포장 시 제품의 특성에 따라 포장방법을 선택할 수 있다. 2. 제품 포장 시 포장방법에 따라 포장재를 결정할 수 있다. 3. 제품 포장 시 선택된 포장방법에 따라 포장할 수 있다. 4. 제품 포장 시 제품의 특성에 적합하게 포장되었는지 확인할 수 있다. 5. 제품 포장 시 제품의 유통기한, 생산일자를 표기할 수 있다.
	5. 과자류제품 저장유통	1. 과자류제품 실온냉장저장하기	1. 실온 및 냉장보관 재료와 완제품의 저장 시 위생안전 기준에 따라 생물학적, 화학적, 물리적 위해요소를 제거할 수 있다. 2. 실온 및 냉장보관 재료와 완제품의 저장 시 관리기준에 따라 온도와 습도를 관리할 수 있다. 3. 실온 및 냉장보관 재료의 사용 시 선입선출 기준에 따라 관리할 수 있다. 4. 실온 및 냉장보관 재료와 완제품의 저장 시 작업편의성을 고려하여 정리 정돈할 수 있다.
		2. 과자류제품 냉동저장하기	1. 냉동보관 재료, 반제품, 완제품의 저장 시 위생안전 기준에 따라 생물학적, 화학적, 물리적 위해요소를 제거할 수 있다. 2. 냉동보관 재료, 반제품, 완제품의 저장 시 관리기준에 따라 온도와 습도를 관리할 수 있다. 3. 냉동보관 재료의 사용 시 선입선출 기준에 따라 관리할 수 있다. 4. 냉동보관 재료, 반제품, 완제품의 저장 시 작업편의성을 고려하여 정리 정돈할 수 있다.
		3. 과자류제품 유통하기	1. 제품 유통 시 식품위생 법규에 따라 안전한 유통기간 설정 및 적정한 표시를 할 수 있다. 2. 제품 유통을 위한 포장 시 포장기준에 따라 파손 및 오염이 되지 않도록 포장할 수 있다. 3. 제품 유통 시 관리 온도기준에 따라 적정한 온도를 설정할 수 있다. 4. 제품 공급 시 배송조건을 고려하여 고객이 원하는 시간에 맞춰 제공할 수 있다.

실 기 과목명	주요항목	세부항목	세세항목
	6. 과자류제품 위생안전관리	1. 개인 위생안전관리하기	1. 식품위생법에 준해서 개인위생안전관리 지침서를 만들 수 있다. 2. 식품위생법에 준한 작업복, 복장, 개인건강, 개인위생 등을 관리 할 수 있다. 3. 식품위생법에 준한 개인위생으로 발생하는 교차오염 등을 관리 할 수 있다. 4. 식중독의 발생 요인과 증상 및 대처방법에 따라 개인위생에 대하여 점검 관리할 수 있다.
		2. 환경 위생안전관리하기	1. 작업환경 위생안전관리 시 식품위생법규에 따라 작업환경 위생 안전관리 지침서를 작성할 수 있다. 2. 작업환경 위생안전관리 시 지침서에 따라 작업장주변 정리 정돈 및 소독 등을 관리 점검할 수 있다. 3. 작업환경 위생안전관리 시 지침서에 따라 제품을 제조하는 작 업장 및 매장의 온·습도관리를 통하여 미생물 오염원인, 안전 위해요소 등을 제거할 수 있다. 4. 작업환경 위생안전관리 시 지침서에 따라 방충, 방서, 안전 관리 를 할 수 있다. 5. 작업환경 위생안전관리 시 지침서에 따라 작업장 주변 환경을 관리할 수 있다.
		3. 기기 안전관리하기	1. 기기관리 시 내부안전규정에 따라 기기관리 지침서를 작성할 수 있다. 2. 기기관리 시 지침서에 따라 기자재를 관리 할 수 있다. 3. 기기관리 시 지침서에 따라 소도구를 관리 할 수 있다. 4. 기기관리 시 지침서에 따라 설비를 관리 할 수 있다.
		4. 공정 안전관리하기	1. 공정관리 시 내부공정관리규정에 따라 공정관리 지침서를 작성 할 수 있다. 2. 공정관리 지침서에 따라 제품설명서를 작성할 수 있다. 3. 공정관리 지침서에 따라 제빵공정도 및 작업장 평면도 등 공정 흐름도를 작성할 수 있다. 4. 공정관리 지침서에 따라 제과공정별 생물학적, 화학적, 물리적 위해 요소를 도출할 수 있다. 5. 공정관리 지침서에 따라 제과공정별 중요관리점을 도출할 수 있 다. 6. 공정관리 지침서에 따라 굽기, 냉각 등 공정에 대해 한계기준, 모니터링, 개선조치 등이 포함된 관리계획을 작성할 수 있다. 7. 공정별로 작성된 관리계획에 따라 굽기, 냉각 등 공정을 관리할 수 있다. 8. 공정관리 한계기준 이탈 시 적절한 개선조치를 취할 수 있다.
	7. 과자류제품 생산작업 준비	1. 개인위생 점검하기	1. 위생복 착용지침서에 따라 위생복을 착용할 수 있다. 2. 두발, 손톱, 손을 청결하게 할 수 있다. 3. 목걸이, 반지, 귀걸이, 시계를 착용할 수 없다.
		2.. 작업환경 점검하기	1. 작업실 바닥을 수분이 없이 청결하게 할 수 있다. 2. 작업대를 청결하게 할 수 있다. 3. 작업실의 창문의 청결상태를 점검할 수 있다.
		3. 기기·도구 점검하기	1. 작업지시서에 따라 사용할 믹서를 청결히 준비할 수 있다. 2. 작업지시서에 따라 사용할 도구를 준비할 수 있다. 3. 작업지시서에 따라 사용할 팬을 준비할수있다. 4. 작업지시서에 따라 오븐을 예열할 수 있다.

❷ 제빵기능사

직무 분야	식품가공	중직무 분야	제과 · 제빵	자격 종목	제빵기능사	적용 기간	2023.1.1.~ 2025.12.31.

- 직무내용 : 빵류제품을 제공하기 위한 체계적인 기술과 생산계획을 수립하여 판매, 생산, 위생 및 관련 업무를 실행하는 직무이다.
- 수행준거 : 1. 제품개발을 통해 결정된 제품별 배합표에 따라 재료를 계량하고 여러 가지 제조방법에 따라 반죽을 만들 수 있다.
  2. 빵의 종류에 따라 부피와 풍미를 결정하는 것으로 1차 발효하기, 2차 발효하기, 다양한 발효를 할 수 있다.
  3. 발효된 반죽을 미리 정한 크기로 나누어 원하는 제품 모양으로 만드는 과정으로 분할, 둥글리기, 중간발효, 성형, 팬닝을 수행할 수 있다.
  4. 식감과 풍미가 좋아지도록 제품의 특성에 적합한 온도로 익히기를 할 수 있다.
  5. 빵의 특성에 따라 충전을 하거나 토핑을 하여 제품을 냉각, 포장 및 진열할 수 있다.
  6. 완제품의 위생적이고 안전한 제조를 위해서 개인, 환경, 기기, 공정의 위생안전관리를 수행할 수 있다.
  7. 생산 시작 전에 개인위생, 작업장 환경, 기기 · 도구에 대한 점검과 제품 생산에 필요한 재료를 계량할 수 있다.

실기검정방법	작업형	시험시간	4시간 정도

실 기 과목명	주요항목	세부항목	세세항목
제빵 실무	1. 빵류제품 스트레이트 반죽	1. 스트레이트법 반죽하기	1. 스트레이트 반죽 시 작업지시서에 따라 사용수의 온도를 조절할 수 있다. 2. 스트레이트 반죽 시 제품 특성에 따라 반죽기의 속도를 조절할 수 있다. 3. 스트레이트 반죽 완료 시 제품 특성에 따라 반죽 정도의 적절성을 점검할 수 있다.
		2. 비상스트레이트법 반죽하기	1. 비상스트레이트 반죽 시 작업지시서에 따라 사용수의 온도를 조절할 수 있다. 2. 비상스트레이트 반죽 시 제품 특성에 따라 반죽기의 속도를 조절할 수 있다. 3. 비상스트레이트 반죽 완료 시 제품 특성에 따라 반죽 정도의 적절성을 점검할 수 있다.
	2. 빵류제품 스펀지 도우 반죽	1. 스펀지 반죽하기	1. 스펀지 반죽 준비 시 작업지시서에 따라 사용수의 온도를 계산할 수 있다. 2. 스펀지 반죽 시 제품 특성에 따라 반죽기의 속도를 조절할 수 있다. 3. 스펀지 반죽 완료 시 제품 특성에 따라 반죽 정도의 적절성을 점검할 수 있다.
		2. 본반죽하기	1. 본반죽 시 제품 특성에 따라 스펀지 상태를 점검할 수 있다. 2. 본반죽 준비 시 작업지시서에 따라 사용수의 온도를 계산할 수 있다. 3. 본반죽 시 제품 특성에 따라 반죽기의 속도를 조절할 수 있다. 4. 본반죽 완료 시 제품 특성에 따라 반죽 정도의 적절성을 점검할 수 있다.

실 기 과목명	주요항목	세부항목	세세항목
	3. 빵류제품 특수 반죽	1. 사우어도우법 반죽하기	1. 제품 특성에 적합한 사우어도우 스타터를 만들 수 있다. 2. 온도와 시간에 따라 사우어도우 스타터를 점검할 수 있다. 3. 최종 반죽의 물성에 적합하도록 사용수 온도와 양을 조절할 수 있다. 4. 제품 특성에 따라 반죽기의 속도를 조절할 수 있다. 5. 스타터 상태에 따라 최종 반죽의 적절성을 점검할 수 있다.
		2. 액종법 반죽하기	1. 제품 특성에 적합한 액종을 선택하여 만들 수 있다. 2. 온도와 시간에 따라 액종 상태를 점검 관리할 수 있다. 3. 최종 반죽의 물성에 적합하도록 사용수 온도와 양을 조절할 수 있다. 4. 제품 특성에 따라 반죽기의 속도를 조절할 수 있다. 5. 액종 상태에 따라 최종 반죽의 적절성을 점검할 수 있다.
	4. 빵류제품 반죽발효	1. 1차 발효하기	1. 1차 발효 시 제품별 발효 조건을 기준으로 발효할 수 있다. 2. 1차 발효 시 반죽 온도의 차이에 따라 발효 시간을 조절할 수 있다. 3. 1차 발효 시 발효 조건에 따라 발효 시간을 조절할 수 있다. 4. 1차 발효 시 팽창 정도에 따라 발효 완료 시점을 찾을 수 있다.
		2. 2차 발효하기	1. 2차 발효 시 제품별 발효조건에 맞게 발효할 수 있다. 2. 2차 발효 시 반죽 분할량과 정형모양에 따라 발효시점을 확인할 수 있다. 3. 2차 발효 시 빵을 굽는 오븐 조건에 따라 2차 발효를 조절할 수 있다. 4. 2차 발효 시 빵의 특성에 따라 면포, 덧가루를 사용할 수 있다.
		3. 다양한 발효하기	1. 다양한 발효 시 반죽의 종류에 따라 발효조건에 맞게 발효할 수 있다. 2. 다양한 발효 시 발효의 분류에 따라 온도 및 시간을 조절할 수 있다. 3. 다양한 발효 시 제품에 따라 펀칭, 발효할 수 있다.
	5. 빵류제품 반죽정형	1. 반죽 분할 및 둥글리기	1. 반죽 분할 시 제품 기준 중량을 기반으로 계량하여 분할할 수 있다. 2. 반죽 분할 시 제품 특성을 기준으로 신속, 정확하게 분할할 수 있다. 3. 반죽 둥글리기 시 반죽 크기에 따라 둥글리기 할 수 있다. 4. 반죽 둥글리기 시 실내온도와 반죽 상태를 고려하여 둥글리기 할 수 있다.
		2. 중간 발효하기	1. 중간 발효 시 제품 특성을 기준으로 실온 또는 발효실에서 발효할 수 있다. 2. 중간 발효 시 반죽 크기에 따라 반죽의 간격을 유지하여 중간 발효할 수 있다. 3. 중간 발효 시 반죽이 마르지 않도록 비닐 또는 젖은 헝겊으로 덮어 관리할 수 있다. 4. 중간 발효 시 제품 특성에 따라 중간 발효시간을 조절할 수 있다.

실 기 과목명	주요항목	세부항목	세세항목
		3. 반죽 성형 팬닝하기	1. 성형작업 시 밀대를 이용하여 가스빼기를 할 수 있다. 2. 손으로 성형 시 제품의 특성에 따라 말기, 꼬기, 접기, 비비기를 할 수 있다. 3. 성형작업 시 충전물과 토핑물을 이용하여 싸기, 바르기, 짜기, 넣기를 할 수 있다. 4. 팬닝작업 시 비용적을 계산하여 적정량을 팬닝할 수 있다. 5. 팬닝작업 시 발효율과 사용할 팬을 고려하여 적당한 간격으로 팬닝할 수 있다.
	6. 빵류제품 반죽익힘	1. 반죽 굽기	1. 굽기 시 빵의 특성에 따라 발효상태, 충전물, 반죽물성에 적합한 시간과 온도를 결정할 수 있다. 2. 반죽을 오븐에 넣을 시 팽창상태를 기준으로 충격을 최소화하여 굽기를 할 수 있다. 3. 굽기 시 온도편차를 고려하여 팬의 위치를 바꾸어 골고루 구워낼 수 있다. 4. 굽기 시 반죽의 발효 상태와 토핑물의 종류를 고려하여 구워낼 수 있다.
		2. 반죽 튀기기	1. 튀기기 시 반죽 표피의 수분량을 고려하여 건조시켜 튀겨낼 수 있다. 2. 튀기기 시 반죽의 발효 상태를 고려하여 튀김온도와 시간, 투입 시점을 조절할 수 있다. 3. 튀기기 시 제품의 품질을 고려하여 튀김기름의 신선도를 확인할 수 있다. 4. 튀기기 시 제품특성에 따라 모양과 색상을 균일하게 튀겨낼 수 있다.
		3. 다양한 익히기	1. 다양한 익히기 시 제품특성에 따라 익히는 방법을 결정할 수 있다. 2. 찌기 시 제품특성에 따라 찌기온도와 시간을 조절할 수 있다. 3. 찌기 시 제품의 크기와 생산량에 따라 찜통의 용량을 조절할 수 있다. 4. 데치기 시 발효상태와 생산량에 따라 온도와 용기의 용량을 조절하여 생산할 수 있다.
	7. 빵류제품 마무리	1. 빵류제품 충전하기	1. 충전물 선택 시 영양성분을 고려하여 맛과 영양을 극대화할 수 있다. 2. 충전물 생산 시 제품의 특성을 고려하여 충전물을 생산할 수 있다. 3. 충전물 사용 시 제품과 재료의 특성을 고려하여 충전물을 사용, 관리할 수 있다. 4. 충전물 사용 완료 시 정확한 비율과 사용량을 기반으로 완제품을 만들 수 있다.
		2. 빵류제품 토핑하기	1. 토핑물 선택 시 영양성분을 고려하여 맛과 영양을 극대화 할 수 있다. 2. 토핑물 생산 시 제품의 특성을 고려하여 토핑물을 생산할 수 있다. 3. 토핑물 사용 시 제품과 재료의 특성을 고려하여 토핑물을 사용, 관리할 수 있다. 4. 토핑물 사용 완료 시 정확한 비율과 사용량을 기반으로 완제품을 만들 수 있다.

실 기 과목명	주요항목	세부항목	세세항목
		3. 빵류제품 냉각포장하기	1. 포장, 진열 시 제품 특성과 포장재, 진열대를 고려하여 제품의 신선도를 유지, 관리할 수 있다. 2. 포장, 진열 시 제품 특성과 포장재, 진열대를 고려하여 제품을 위생적으로 유지, 관리할 수 있다. 3. 진열관리 시 제품 특성에 따라 제품을 더욱 돋보이게 진열할 수 있다. 4. 제품을 진열관리 시 판매시간 및 매출추이를 기반으로 재고 관리를 할 수 있다.
	8. 빵류제품 위생안전관리	1. 개인 위생안전관리하기	1. 식품위생법에 준해서 개인위생 안전관리 지침서를 만들 수 있다. 2. 식품위생법에 준한 작업복, 복장, 개인건강, 개인위생 등을 관리할 수 있다. 3. 식품위생법에 준한 개인위생으로 발생하는 교차오염 등을 관리할 수 있다. 4. 식중독의 발생 요인과 증상 및 대처 방법에 따라 개인위생에 대하여 점검 관리할 수 있다.

제과 · 제빵기능사 실기시험 품목

① 제과실기품목(20가지 중 1가지)

품번	제품명	시험시간	품번	제품명	시험시간
1	초코 머핀 (초코 컵케이크)	1시간 50분	11	파운드 케이크	2시간 30분
2	버터 스펀지케이크 (별립법)	1시간 50분	12	다쿠와즈	1시간 50분
3	젤리 롤 케이크	1시간 30분	13	타르트	2시간 20분
4	소프트 롤 케이크	1시간 50분	14	흑미 롤 케이크(공립법)	1시간 50분
5	버터 스펀지케이크 (공립법)	1시간 50분	15	시폰 케이크(시폰법)	1시간 40분
6	마들렌	1시간 50분	16	마데라(컵) 케이크	2시간
7	쇼트 브레드 쿠키	2시간	17	버터 쿠키	2시간
8	슈	2시간	18	치즈 케이크	2시간 30분
9	브라우니	1시간 50분	19	호두파이	2시간 30분
10	과일 케이크	2시간 30분	20	초코 롤 케이크	1시간 50분

❷ 제빵실기품목(20가지 중 1가지)

품번	제품명	시험시간	품번	제품명	시험시간
1	빵 도넛	3시간	11	단과자빵(크림빵)	3시간 30분
2	소시지빵	3시간 30분	12	풀먼 식빵	3시간 40분
3	식빵 (비상 스트레이트법)	2시간 40분	13	단과자빵(소보로빵)	3시간 30분
4	단팥빵 (비상 스트레이트법)	3시간	14	쌀 식빵	3시간 40분
5	그리시니	2시간 30분	15	호밀빵	3시간 30분
6	밤 식빵	3시간 40분	16	버터 톱 식빵	3시간 30분
7	베이글	3시간 30분	17	옥수수 식빵	3시간 40분
8	스위트 롤	3시간 30분	18	모카빵	3시간 30분
9	우유 식빵	3시간 40분	19	버터 롤	3시간 30분
10	단과자빵(트위스트형)	3시간 30분	20	통밀빵	3시간 30분

Part 1
제과기능사 실기

지급재료 중 얼음(식용, 겨울철 제외)은 반죽온도를 낮추는 반죽온도 조절용으로 지급되므로, 얼음물을 사용하여 반죽의 온도를 낮추는 용도로만 활용하시기 바랍니다. 이 외의 변칙적인 방법으로써 얼음물을 믹서기볼 밑바닥에 받쳐 대는 등의 방법은 안전한 시행을 위하여 사용을 금합니다. 만약 수험생이 변칙적인 방법을 사용할 경우 감점처리 됩니다.

1 초코 머핀(초코 컵케이크)
- 공정 : 반죽형(크림법)
- 온도 : 180℃ / 160℃
- 굽는 시간 : 30~35분

2 버터 스펀지케이크(별립법)
- 공정 : 거품형(별립법)
- 온도 : 180℃ / 170℃
- 굽는 시간 : 30~35분

3 젤리 롤 케이크
- 공정 : 거품형(공립법)
- 온도 : 190℃ / 150℃
- 굽는 시간 : 15~20분

4 소프트 롤 케이크
- 공정 : 거품형(별립법)
- 온도 : 190℃ / 150℃
- 굽는 시간 : 20분 전후

5 버터 스펀지케이크(공립법)
- 공정 : 거품형(공립법)
- 온도 : 180℃ / 170℃
- 굽는 시간 : 30~35분

6 마들렌
- 공정 : 1단계 변형 반죽법
- 온도 : 180℃ / 160℃
- 굽는 시간 : 25분 전후

7 쇼트 브레드 쿠키
- 공정 : 반죽형(크림법)
- 온도 : 200℃ / 120℃
- 굽는 시간 : 12~15분

8 슈
- 공정 : 볶는법
- 온도 : 190℃ / 170℃
- 굽는 시간 : 25~30분

9 브라우니
- 공정 : 1단계 변형 반죽법
- 온도 : 170℃ / 160℃
- 굽는 시간 : 60분

10 과일 케이크
- 공정 : 반죽형(크림법+별립법)
- 온도 : 180℃ / 160℃
- 굽는 시간 : 50~60분

11 파운드 케이크
- 공정 : 반죽형(크림법)
- 온도 : 210℃/200℃→180℃/170℃
- 굽는 시간 : 50~55분

12 다쿠와즈
- 공정 : 거품형(흰자 이용)
- 온도 : 190℃ / 140℃
- 굽는 시간 : 6~9분

⑬ 타르트
- 공정 : 반죽형(크림법)
- 온도 : 180℃ / 160℃
- 굽는 시간 : 30~35분

⑭ 흑미 롤 케이크
- 공정 : 공립법
- 온도 : 190℃ / 160℃
- 굽는 시간 : 15~20분

⑮ 시폰 케이크(시폰법)
- 공정 : 거품형(시폰법)
- 온도 : 180℃ / 160℃
- 굽는 시간 : 35분 전후

⑯ 마데라(컵) 케이크
- 공정 : 반죽형(크림법)
- 온도 : 180℃ / 160℃
- 굽는 시간 : 20~30분

⑰ 버터 쿠키
- 공정 : 반죽형(크림법)
- 온도 : 190~200℃ / 100℃
- 굽는 시간 : 8~10분

⑱ 치즈 케이크
- 공정 : 별립법
- 온도 : 170℃ / 160℃
- 굽는 시간 : 50~60분(중탕)

⑲ 호두파이
- 공정 : 블랜딩법
- 온도 : 185℃ / 170℃
- 굽는 시간 : 30~35분

⑳ 초코 롤 케이크
- 공정 : 공립법
- 온도 : 190℃ / 160℃
- 굽는 시간 : 15~20분

제과 핵심이론

반죽의 팽창은 달걀 단백질 변성과 유지의 크림화에 의해 이루어지며, 지역과 나라별 그 특성에 따라 다양하다. 일반적으로 제품은 케이크류, 견과류, 초콜릿류, 공예과자, 캔디류, 한과류 등으로 분류하며, 팽창형태에 따라 화학적 팽창, 공기팽창, 무팽창으로 반죽을 분류하기도 한다.

❶ 반죽형 케이크(Batter type cake)

밀가루, 달걀을 주 구성재료로 하고 상당량의 유지가 함유된 반죽으로 부드럽고 조직감이 좋다. 레이어 케이크, 과일 케이크, 머핀 케이크 등이 여기에 속하며, 기름은 친수성이 약하므로 유화제를 첨가하여 분리현상을 막는다.

(1) 반죽형의 믹싱법

① 크림법(Creaming method)

가장 널리 사용되는 믹싱법으로 유지를 부드럽게 하고 설탕을 먼저 믹싱하여 크림 상태로 만든 후 달걀을 서서히 나누어 넣고 부드러운 크림 상태로 만든다. 여기에 밀가루를 넣고 균일하게 혼합한다. 이 방법은 부피가 큰 제품을 얻을 수 있다.

· 파운드 반죽 ·

예 파운드 케이크, 레이어 케이크, 초콜릿 케이크, 버터 쿠키, 쇼트 브래드 쿠키

② 블렌딩법(Blending method)

먼저 밀가루와 유지를 넣어 유지에 의해 밀가루 입자가 피복될 수 있도록 한 후 건조재료와 액체를 넣으면서 균일한 상태로 혼합한다. 부드러운 제품을 만들 때 사용되는 믹싱법이다.

예 데블스 푸드 케이크, 사과 파이 반죽, 호두 파이 반죽

· 사과 파이 반죽 ·

③ 설탕 · 물법(Sugar / Water method)

일정한 제품을 얻을 수 있으나 초기 시설비가 높고 많은 양을 생산하는 공장에서만 적용되고 있다.

④ 일단계법(Single stage method)

　　모든 재료를 일시에 넣고 믹싱하는 방법으로 노동력과 시간이 절약되나 성능이 좋은 믹싱기를 사용해야 하는 단점도 있다.

(2) 반죽형 케이크 작업 시 주의사항

① 유지와 설탕을 넣고 충분히 크림화(15분 정도)시킨 후 반죽이 희게 되면 달걀을 조금씩 나누어 투입한다. 이때 쿠키류를 제외한 케이크류 제품은 설탕을 완전히 용해시킨다.

② 동절기에는 유지가 굳어지므로 유지가 녹지 않을 정도로 중탕시켜서 크림화가 되도록 한다.

③ 반죽하는 과정에서 볼 측면과 바닥을 수시로 고무주걱으로 긁어 균일한 반죽이 될 수 있도록 한다.

④ 많은 양의 달걀을 투입할 때 크림이 분리가 되므로 분유 또는 소량의 밀가루를 먼저 첨가하면 수분 흡수로 분리를 막아준다.

⑤ 밀가루와 유지를 먼저 섞는 공정은 저속으로 하여 밀가루가 날리지 않도록 한다.

⑥ 밀가루를 섞을 때 덩어리가 생기지 않도록 골고루 털어 주면서 혼합한다.

❷ 거품형 케이크

교반으로 인하여 달걀 단백질의 변성과 신장성이 이루어지면서 공기를 포집하여 반죽을 적정 부피로 팽창시킨다. 포집된 공기와 달걀의 수분이 굽는 열에 의해서 팽창을 하고 밀가루와 달걀의 흰자성분이 구조의 골격을 이룬다. 제품으로는 전란을 사용하는 스펀지케이크(공립법)와 흰자와 노른자를 분리하여 사용하는 소프트 롤 케이크가 있다.

(1) 거품형의 반죽방법

① 공립법(公立法)

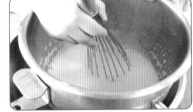

• 버터 스펀지 공립법 •

　　• 더운 믹싱법(Hot method) : 달걀을 거품기로 풀어준 후 소금과 설탕을 넣고 43℃로 중탕하여 휘핑한 다음 밀가루를 골고루 섞는다. 고율 배합에서 설탕의 용해도를 높여 껍질색을 균일하게 한다.

　　• 찬 믹싱법(Cold method) : 달걀과 설탕을 중탕하지 않고 믹싱하는 방법으로 공기포집 속도는 느리지만 튼튼한 거품을 형성하기 때문에 가장 널리 사용되며, 주로 저율 배합에서 적합한 믹싱법이다.

② 별립법(別立法)

　　달걀의 노른자와 흰자를 분리하여 제조하는 방법이다.

　　• 노른자를 거품기로 풀어준 후 전체 설탕의 1/2~1/3을 넣고 설탕이 용해될 때까지 믹싱한다.

- 흰자를 60% 휘핑한 후 설탕을 조금씩 나누어 넣으면서 90% 정도의 머랭을 만든다.
- 노른자 반죽에 머랭의 1/3을 넣고 섞은 후 밀가루를 혼합한다.
- 나머지 머랭을 골고루 잘 섞어 준다. 이때 제품의 부피에 큰 영향을 준다.

예 소프트 롤 케이크, 버터 스펀지 별립법

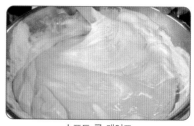

· 소프트 롤 케이크 ·

(2) 거품형 케이크 작업 시 주의사항

① 달걀 흰자로 머랭을 제조할 때 사용하는 도구에는 기름기나 물기가 없도록 한다.

② 중탕 온도가 45℃ 이상 되면 달걀이 익어서 완제품의 속결이 좋지 않고 부피가 줄어든다.

③ 밀가루를 혼합하기 전에 믹싱 볼 밑 부분이 닿도록 살짝 들어 균일한 반죽이 되도록 한다.

④ 밀가루는 체질해서 덩어리가 생기지 않게 섞어 준다. 반죽이 지나치면 글루텐 발전이 생겨 부피가 작고 질긴 제품이 된다.

⑤ 식용유나 용해한 버터 투입 시 반죽을 조금 덜어 섞은 다음 전체 반죽에 넣는다. 많은 양의 액체 재료를 넣을 땐 비중이 높아 가라앉기 때문에 위아래 부분을 골고루 잘 섞도록 한다.

❸ 시폰형 케이크(Chiffon type cake)

달걀 흰자와 노른자를 분리시켜서 흰자는 거품기로 불규칙한 기포를 형성시킨 다음 설탕을 넣으면서 균일한 기포를 형성하는 머랭을 만들고, 노른자는 가루재료와 액체재료를 혼합하여 반죽형을 만들어서 혼합하는 케이크이다. 거품형의 조직력과 반죽형의 부드러운 성질을 가지며 시폰 케이크가 대표적인 제품이다.

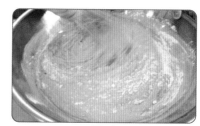

· 시폰 반죽 ·

예 시폰 케이크

비중(Specific gravity)

반죽의 공기 혼입 정도를 수치로 나타낸 값이며, 제품의 부피와 외형에도 영향을 주지만 내부 기공과 조직에도 밀접한 관계가 있다. 그러므로 반드시 적정한 비중을 만들어 주는 것이 중요하다.

$$\text{비중 재는 법} = \frac{\text{컵에 든 반죽 무게} - \text{컵 무게}}{\text{컵에 든 물 무게} - \text{컵 무게}}$$

제과·제빵 시험 시 합격 포인트

❶ 재료의 계량

제한시간을 꼭 지킨다. 각 재료를 정확히 계량해 진열대 위에 따로따로 늘어놓는다(계량대, 재료대, 저울, 통로에 재료를 흘리지 않도록 조심한다).

❷ 반죽 만들기

요구사항에서 제시한 방법에 따라 반죽한다.

❸ 성형, 패닝

① 틀에 채우기 : 반죽을 만드는 동안, 즉 믹서 돌아가는 시간에 미리 틀에 기름칠을 하거나 기름종이를 깔아 둔다. 제품의 특성상 기름기 없는 틀에 위생지를 깔기도 한다. 주어진 틀의 부피에 알맞은 반죽량을 조절해 틀에 채운다. 이때 반죽의 손실을 최소로 하며, 가능한 한 반죽의 윗면을 평평하게 고르고 기포를 꺼뜨린다.

② 짜내기 : 짤주머니에 반죽을 채우고, 철판에 기름종이를 깔거나 기름칠을 한 뒤 지름, 두께, 간격을 일정하게 맞추어 짜낸다. 이때 반죽의 손실을 최소로 하는 데 주의한다.

③ 찍어내기 : 원하는 모양과 크기에 알맞은 두께로 모서리가 직각을 이루도록 밀어편다. 형틀이나 칼을 이용하여 모양을 뜬다. 자투리 반죽이 많이 생기지 않게 하고 덧가루를 털어낸다.

④ 접어밀기 : 반죽을 충전용 유지의 1.5배(3겹 접기)만큼의 크기로 밀어편다. 두께가 고르고 모서리가 직각을 이루어야 한다. 이 반죽 위에 유지를 얹고 접어서 원래의 크기로 밀어편다. 덧가루를 털어 내고, 접어밀 때마다 냉장휴지시킨다. 이때 비닐에 싸두어야 표면이 마르지 않는다.

❹ 굽기

① 각 제품의 특성에 알맞은 조건에서 굽는다.

② 오븐의 앞과 뒤, 가장자리와 중앙이 온도차를 보이면 제때 꺼내 틀의 위치를 바꾸고 굽는다.

③ 완전히 굽는다. 너무 오래 구워 건조해지거나, 타고 설익은 부분이 있어서는 안 된다.

❺ 뒷정리, 개인위생

① 한 번 사용한 기구와 작업대는 물론 주위를 깨끗이 치우고 청소한다.

② 깨끗한 위생복을 입고 위생모를 쓴다.

③ 손톱과 머리를 단정하고 청결히 유지한다.

❻ 제품 평가

① 부피 : 전체 크기와 부풀림이 알맞은 비율이어야 한다.

② 균형감 : 어느 한쪽이 찌그러지거나 솟지 않고, 대칭을 이루어야 한다.

③ 껍질 : 먹음직스러운 색을 띠고 옆면과 바닥에도 구운 색이 들어야 한다.

④ 속결 : 기공과 조직이 균일해야 한다. 기공이 크거나 조밀하지 않아야 한다.

⑤ 맛과 향 : 각 제품 특유의 맛과 향이 나야 한다. 끈적거리지 않아야 하며, 탄 냄새나 익지 않은 생 재료 맛이 나서는 안 된다.

초코 머핀(초코 컵케이크)

시험시간 1시간 50분
공정 반죽형(크림법)
온도 180℃/160℃
굽는 시간 30~35분

요구사항

초코 머핀(초코 컵케이크)을 제조하여 제출하시오.

① 배합표의 각 재료를 계량하여 재료별로 진열하시오(11분).
- 재료계량(재료당 1분) → [감독위원 계량확인] → 작품제조 및 정리정돈(전체시험시간 – 재료계량시간)
- 재료계량시간 내에 계량을 완료하지 못하여 시간이 초과된 경우 및 계량을 잘못한 경우는 추가의 시간부여 없이 작품제조 및 정리정돈시간을 활용하여 요구사항의 무게대로 계량
- 달걀의 계량은 감독위원이 지정하는 개수로 계량

② 반죽은 크림법으로 제조하시오.

③ 반죽온도는 24℃를 표준으로 하시오.

④ 초코칩은 제품의 내부에 골고루 분포되게 하시오.

⑤ 반죽분할은 주어진 팬에 알맞은 양으로 반죽을 패닝하시오.

⑥ 반죽은 전량을 사용하여 성형하시오.

※ 감독위원은 시험 전 주어진 팬을 감안하여 팬의 개수를 지정하여 공지한다.

Tip

① 반죽량을 균일하게 짜야 제품의 부피가 균일하게 나온다.

② 초코칩이 반죽 내부에 고루 분포되어 있어야 한다.

비율(%)	재료명	무게(g)
100	박력분	500
60	설탕	300
60	버터	300
60	달걀	300
1	소금	5(4)
0.4	베이킹 소다	2
1.6	베이킹 파우더	8
12	코코아 파우더	60
35	물	175(174)
6	탈지분유	30
36	초코칩	180
372	계	1,860(1,858)

배합표

제품평가

부피 팬에 맞는 분할무게에 대하여 부피가 알맞고 균일한 부피가 되어야 한다.

외부 균형 찌그러짐이 없이 균일한 모양을 지니고 균형이 잘 잡혀야 한다.

껍질 껍질이 부드러우면서 부위별로 고른 색깔이 나야 한다.

내상 기공과 조직이 부위별로 고르며, 코코아색으로 초코칩이 고르게 분포되어 부드러운 상태가 되어야 한다.

맛과 향 씹는 촉감이 거칠거나 끈적거리지 않고 코코아 맛과 향이 조화를 이루어야 한다.

만드는법

① 반죽하기

❶ 볼에 버터를 넣고 부드럽게 한다.

❷ 설탕. 소금을 넣고 충분히 크림화한다(10분 이상).

❸ 달걀을 조금씩 2~3회 나누어 넣으면서 크림화한다.

❹ 체질한 박력분. 베이킹 소다. 베이킹 파우더. 코코아 파우더. 분유를 넣은 뒤. 물과 초코칩을 넣고 섞는다.

❺ 반죽온도 24℃

② 패닝하기

유산지를 깐 틀에 70% 짜준다.

③ 굽기

180℃/160℃에서 30~35분 굽는다.

QnA

Q 달걀은 꼭 나누어 넣어야 하나요?

A 한꺼번에 넣으면 분리되기 쉬우므로 반드시 분할 투입합니다.

버터 스펀지케이크(별립법)

시험시간 1시간 50분
공정 거품형(별립법)
온도 180℃/170℃
굽는 시간 30~35분

요구사항

버터 스펀지케이크(별립법)를 제조하여 제출하시오.

① 배합표의 각 재료를 계량하여 재료별로 진열하시오(8분).

- 재료계량(재료당 1분) → [감독위원 계량확인] → 작품제조 및 정리정돈(전체시험 시간−재료계량시간)
- 재료계량시간 내에 계량을 완료하지 못하여 시간이 초과된 경우 및 계량을 잘못한 경우는 추가의 시간부여 없이 작품제조 및 정리정돈시간을 활용하여 요구사항의 무게대로 계량
- 달걀의 계량은 감독위원이 지정하는 개수로 계량

② 반죽은 별립법으로 제조하시오.

③ 반죽온도는 23℃를 표준으로 하시오.

④ 반죽의 비중을 측정하시오.

⑤ 제시한 팬에 알맞도록 분할하시오.

⑥ 반죽은 전량을 사용하여 성형하시오.

Tip

버터를 섞을 때는 반죽의 일부를 덜어내어 섞고 나머지는 본반죽에 부어 완전히 섞도록 한다. 그 이유는 용해 버터가 일단 반죽에 혼합되면 반죽의 비중이 급속히 높아지기 때문에 오래 혼합하여 오버믹싱되지 않도록 하기 위해서이다.

비율(%)	재료명	무게(g)
100	박력분	600
60	설탕(A)	360
60	설탕(B)	360
150	달걀	900
1.5	소금	9(8)
1	베이킹 파우더	6
0.5	바닐라향	3(2)
25	용해 버터	150
398	계	2,388(2,386)

제품평가

부피 팬에 맞는 분할무게에 대하여 부피가 알맞고 균일한 부피가 되어야 한다.

외부 균형 찌그러짐이 없이 균일한 모양을 지니고 균형이 잘 잡혀야 한다.

껍질 껍질이 부드러우면서 부위별로 고른 색깔이 나며 얼룩반점, 공기방울 자국이 나지 않고 고운 표피, 옆면, 밑면이 되어야 한다.

내상 기공과 조직이 부위별로 고르며, 밝은 황색으로 부드러운 상태로 되어 있어야 한다.

맛과 향 씹는 촉감이 거칠거나 끈적거리지 않고 버터의 맛과 향이 제품과 조화를 이루어야 한다.

만드는법

1 반죽하기

❶ 달걀을 흰자와 노른자로 분리한다(분리 시 흰자에 노른자가 들어가지 않게 해야 흰자 거품이 잘 올라온다).

❷ 노른자를 풀어 준 후 설탕(A), 소금을 넣고 중탕하며 최대한 믹싱한다.

❸ 흰자를 60% 정도 거품을 낸 후 설탕(B)를 2회 나누어 투입하여 90%의 머랭을 제조한다.

❹ 노른자 반죽에 머랭 1/3 가량을 섞은 후 체친 가루(박력분. B. P)와 향을 혼합하고 흰자 1/3을 섞어준 뒤, 녹인 버터를 섞어주며 다시 본반죽에 나머지 흰자를 넣어 섞어준다.

❺ 나머지 머랭을 투입하여 섞어준다.
※ 비중 ⇒ 0.45 ± 0.05

2 패닝하기

원형 팬 또는 평철판 크기에 맞도록 종이를 재단하여 깔고 60~70% 패닝한다.

3 굽기

180℃/170℃로 30~35분 내외로 하여 굽는다(평철판에 구울 때 약 10℃ 정도 높여 굽는다).

  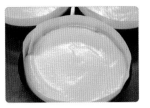

젤리 롤 케이크

시험시간 1시간 30분
공정 거품형(공립법)
온도 190℃/150℃
굽는 시간 15~20분

요구사항

젤리 롤 케이크를 제조하여 제출하시오.

① 배합표의 각 재료를 계량하여 재료별로 진열하시오(8분).

- 재료계량(재료당 1분) → [감독위원 계량확인] → 작품제조 및 정리정돈(전체시험시간−재료계량시간)
- 재료계량시간 내에 계량을 완료하지 못하여 시간이 초과된 경우 및 계량을 잘못한 경우는 추가의 시간부여 없이 작품제조 및 정리정돈시간을 활용하여 요구사항의 무게대로 계량
- 달걀의 계량은 감독위원이 지정하는 개수로 계량

② 반죽은 공립법으로 제조하시오.

③ 반죽온도는 23℃를 표준으로 하시오.

④ 반죽의 비중을 측정하시오.

⑤ 제시한 팬에 알맞도록 분할하시오.

⑥ 반죽은 전량을 사용하여 성형하시오.

⑦ 캐러멜 색소를 이용하여 무늬를 완성하시오(무늬를 완성하지 않으면 제품 껍질 평가 0점 처리).

Tip

① 제품에 껍질이 벗겨지거나 터지지 않도록 한다.

② 믹싱할 때 물엿이 가라앉을 수 있으므로 잘 저어준다.

③ 캐러멜 색소 + 반죽 일부는 진한 커피색이 나게 한다.

④ 면포 : 60 x 60cm

반죽				충전용 재료(계량시간에서 제외)		
비율(%)	재료명	무게(g)		비율(%)	재료명	무게(g)
100	박력분	400		50	잼	200
130	설탕	520				
170	달걀	680				
2	소금	8				
8	물엿	32				
0.5	베이킹 파우더	2				
20	우유	80				
1	바닐라 향	4				
431.5	계	1,726				

· 제품평가 ·

부피 팬에 맞는 분할무게에 대하여 부피가 알맞고 균일한 부피가 되어야 한다.

외부 균형 찌그러짐이 없이 균형잡힌 원통형이어야 한다.

껍질 껍질 색깔 및 무늬가 일정하며 보기 좋아야 하고 터지거나 주름이 없어야 한다.

내상 기공과 조직이 부위별로 균일하며 잼의 두께가 알맞게 되어야 한다.

맛과 향 씹는 촉감이 부드러우면서 거칠거나 끈적거리지 않고 잼의 맛과 향이 전체 제품과 조화를 이루어
야 한다.

· 만드는법 ·

① 반죽하기

❶ 믹싱 볼에 달걀을 풀어 준 후 설탕. 소금. 물엿을 넣고 거품을 낸다.

❷ 교반 전에 설탕을 잘 녹게 하고 충분한 거품을 위해 ❶을 따뜻한 물로 43℃까지 중탕하는 것이 좋다.

❸ 기계에 걸고 고속(10~15분) → 중속(1~2분)으로 돌려준다(기계 상태에 따라 시간이 다르다).

❹ 체질한 박력분과 향. B.P를 고루 섞어 준다.

❺ 마지막으로 우유를 섞고 되기를 조절해 반죽을 완료한다.
※ 비중 ⇒ 0.5 ± 0.05

② 패닝하기

평철판에 종이를 재단하여 깔고 반죽을 일정한 두께로 패닝한다.

③ 무늬내기

❶ 반죽 일부에 캐러멜 색소를 혼합하여 짤주머니에 담는다.

❷ 캐러멜 반죽을 3~4cm 간격으로 짜준 후 나무젓가락 등으로 무늬를 내준다.

④ 굽기

전체 온도 190~195℃/150℃에서 15~20분 전후로 굽는다.

⑤ 말기

❶ 젖은 면포나 종이를 작업대에 깔아준다.

❷ 뜨거울 때 뒤집어 물 칠을 한 뒤 종이를 뗀 후 잼을 골고루 발라 말아준다.

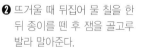

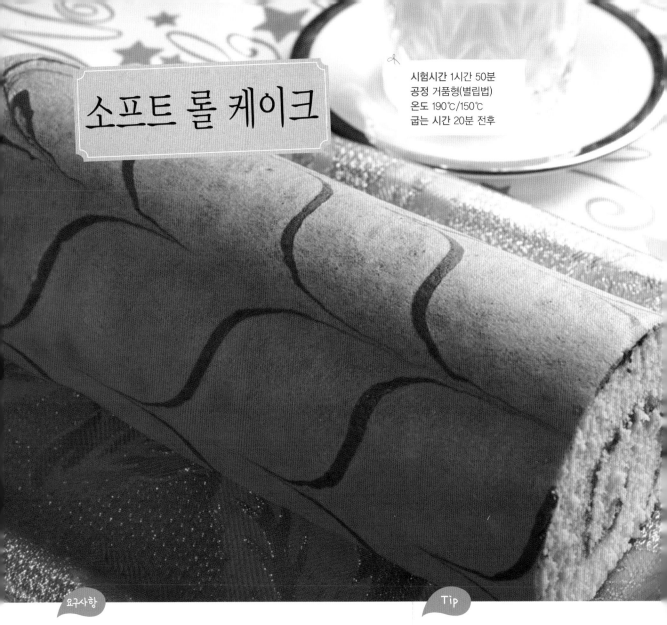

소프트 롤 케이크

시험시간 1시간 50분
공정 거품형(별립법)
온도 190℃/150℃
굽는 시간 20분 전후

소프트 롤 케이크를 제조하여 제출하시오.

① 배합표의 각 재료를 계량하여 재료별로 진열하시오(10분).

 • 재료계량(재료당 1분) → [감독위원 계량확인] → 작품제조 및 정리정돈(전체시험
  시간−재료계량시간)

 • 재료계량시간 내에 계량을 완료하지 못하여 시간이 초과된 경우 및 계량을 잘못한
  경우는 추가의 시간부여 없이 작품제조 및 정리정돈시간을 활용하여 요구사항의
  무게대로 계량

 • 달걀의 계량은 감독위원이 지정하는 개수로 계량

② 반죽은 별립법으로 제조하시오.

③ 반죽온도는 22℃를 표준으로 하시오.

④ 반죽의 비중을 측정하시오.

⑤ 제시한 팬에 알맞도록 분할하시오.

⑥ 반죽은 전량을 사용하여 성형하시오.

⑦ 캐러멜 색소를 이용하여 무늬를 완성하시오(무늬를 완성하지 않으
  면 제품 껍질 평가 0점 처리).

① 너무 오랫동안 냉각하면 말 때 터질 수 있
  으므로 주의한다(냉각은 선택사항).

② 과도하게 믹싱하면 비중이 올라가므로, 흰
  자를 넣고 섞을 때 가볍게 섞는다.

비율(%)	재료명	무게(g)	비율(%)	재료명	무게(g)
100	박력분	250	80	잼	200
70	설탕(A)	175(176)			
10	물엿	25(26)			
1	소금	2.5(2)			
20	물	50			
1	바닐라 향	2.5(2)			
60	설탕(B)	150			
280	달걀	700			
1	베이킹 파우더	2.5(2)			
50	식용유	125(126)			
593	계	1,482.5(1,484)			

제품평가

부피 팬에 맞는 분할무게에 대하여 부피가 알맞고 균일한 부피가 되어야 한다.

외부 균형 찌그러짐이 없이 균형잡힌 원통형이어야 한다.

껍질 껍질 색깔 및 무늬가 일정하고 보기 좋아야 되며 터지거나 주름이 없어야 한다.

내상 기공과 조직이 부위별로 균일하며 잼의 두께가 알맞게 되어야 한다.

맛과 향 씹는 촉감이 부드러우면서 거칠거나 끈적거리지 않고 잼의 맛과 향이 전체 제품과 조화를 이루어야 한다.

만드는법

1 반죽하기

❶ 달걀을 흰자와 노른자로 분리한다(분리 시 흰자에 노른자가 들어가지 않게 한다).

❷ 노른자를 풀어 준 후 설탕(A), 물엿, 소금을 넣고 중탕으로 최대한 믹싱하고, 물을 넣어 준다.

❸ 흰자를 60% 정도 거품을 낸 후 설탕(B)를 2회 나누어 투입하며 90%(중간 피크의 머랭)의 머랭을 제조한다.

❹ ❷번의 노른자 반죽에 머랭 1/3 가량을 섞은 후 체친 가루(박력분, B.P)와 향을 혼합한다.

   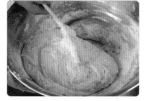

❺ 본반죽을 일부 덜어서 식용유를 섞어주고 다시 본반죽에 넣는다.

❻ 나머지 머랭을 혼합한 후 반죽을 완료한다.
※ 비중 ⇒ 0.45 ± 0.05

2 패닝하기

평철판에 종이를 재단하여 깔고 패닝한다.

3 무늬내기

❶ 반죽 일부에 캐러멜 색소를 혼합하여 짤 주머니에 담는다.

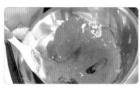

❷ 캐러멜 반죽을 3∼4cm 간격으로 짜준 후 나무젓가락 등으로 무늬를 내 준다.

4 굽기

190℃/150℃에서 약 20분 전후로 굽는다.

5 말기

뒤집어서 물을 발라 종이를 뗀 후 잼을 바르고 만다.

버터 스펀지케이크(공립법)

시험시간 1시간 50분
공정 거품형(공립법)
온도 180℃/170℃
굽는 시간 30~35분

요구사항

버터 스펀지케이크(공립법)를 제조하여 제출하시오.

① 배합표의 각 재료를 계량하여 재료별로 진열하시오(6분).

- 재료계량(재료당 1분) → [감독위원 계량확인] → 작품제조 및 정리정돈(전체시험시간-재료계량시간)
- 재료계량시간 내에 계량을 완료하지 못하여 시간이 초과된 경우 및 계량을 잘못한 경우는 추가의 시간부여 없이 작품제조 및 정리정돈시간을 활용하여 요구사항의 무게대로 계량
- 달걀의 계량은 감독위원이 지정하는 개수로 계량

② 반죽은 공립법으로 제조하시오.

③ 반죽온도는 25℃를 표준으로 하시오.

④ 반죽의 비중을 측정하시오.

⑤ 제시한 팬에 알맞도록 분할하시오.

⑥ 반죽은 전량을 사용하여 성형하시오.

Tip

① 가루재료 투입 시 손가락을 완전히 펴고 반죽해야 골고루 섞을 수 있다.

② 거품형 케이크는 작업을 재빨리 해야 비중이 높아지는 것을 방지할 수 있다(거품이 계속 꺼져서 반죽이 무거워진다).

배 합 표	비율(%)	재료명	무게(g)
	100	박력분	500
	120	설탕	600
	180	달걀	900
	1	소금	5(4)
	0.5	바닐라 향	2.5(2)
	20	버터	100
	421.5	계	2,107.5(2,106)

제품평가

부피 팬에 맞는 분할무게에 대하여 부피가 알맞고 균일한 부피가 되어야 한다.

외부 균형 찌그러짐이 없이 균일한 모양을 지니고 균형이 잘 잡혀야 한다.

껍질 껍질이 부드러우면서 부위별로 고른 색깔이 나며 얼룩반점, 공기방울 자국이 나지 않고 고운 표피, 옆면, 밑면이 되어야 한다.

내상 기공과 조직이 부위별로 고르며, 밝은 황색으로 부드러운 상태로 되어 있어야 한다.

맛과 향 씹는 촉감이 거칠거나 끈적거리지 않고 버터의 맛과 향이 제품과 조화를 이루어야 한다.

만드는법

1 반죽하기

❶ 믹싱 볼에 달걀을 풀어 준 후 설탕, 소금을 넣고 저어준다.

❷ 43℃까지 중탕한다.

❸ 기계에 걸고 고속으로 10~15분 돌려준 후에 중속으로 1~2분 돌려준다.

❹ 체질한 박력분과 향을 뭉치지 않도록 가볍게 재빨리 섞어 준다(1~2분).

❺ 60℃에서 중탕으로 용해시킨 버터에 일부 반죽을 혼합한 후 본반죽에 투입하여 가볍게 혼합하여 반죽을 완료한다.
※ 비중 ⇒ 0.5 ± 0.05

  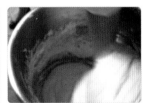 

2 패닝하기

❶ 감독관의 지시에 따라 팬을 선택하여 패닝한다.

❷ 원형 팬 또는 평철판에 종이를 재단하여 깔고 반죽을 60~70%까지 패닝한다.

3 굽기

180℃/170℃에서 30~35분간 굽는다.

❸ 내려쳐서 공기를 제거한다.

QnA

Q 중탕 시 온도를 재야 하나요?

A 꼭 그렇지 않습니다. 족욕하는 정도의 달걀 반죽온도면 됩니다.

Q 반죽온도는 언제 측정하나요?

A 오븐에 넣기 전이나, 반죽 종료 후에 감독위원이 직접 체크합니다.

마들렌

시험시간 1시간 50분
공정 1단계 변형 반죽법
온도 180℃/160℃
굽는 시간 25분 전후

요구사항

마들렌을 제조하여 제출하시오.

① 배합표의 각 재료를 계량하여 재료별로 진열하시오(7분).

- 재료계량(재료당 1분) → [감독위원 계량확인] → 작품제조 및 정리정돈(전체시험시간−재료계량시간)
- 재료계량시간 내에 계량을 완료하지 못하여 시간이 초과된 경우 및 계량을 잘못한 경우는 추가의 시간부여 없이 작품제조 및 정리정돈시간을 활용하여 요구사항의 무게대로 계량
- 달걀의 계량은 감독위원이 지정하는 개수로 계량

② 마들렌은 수작업으로 하시오.

③ 버터를 녹여서 넣는 1단계법(변형) 반죽법을 사용하시오.

④ 반죽온도는 24℃를 표준으로 하시오.

⑤ 실온에서 휴지를 시키시오.

⑥ 제시된 팬에 알맞은 반죽량을 넣으시오.

⑦ 반죽은 전량을 사용하여 성형하시오.

Tip

① 달걀을 넣고 저을 때 거품이 일지 않게 한다.

② 녹인 버터 온도가 높지 않게 한다(버터 온도가 높으면 반죽이 휴지되는 동안 B.P가 활성이 되어 반죽이 부풀어지며, 따라서 굽는 동안 제품이 부풀지 않는다).

③ 중간에 철판 위치를 교환하여 색이 고르게 되도록 한다.

· 배 합 표 ·	비율(%)	재료명	무게(g)
	100	박력분	400
	2	베이킹 파우더	8
	100	설탕	400
	100	달걀	400
	1	레몬 껍질	4
	0.5	소금	2
	100	버터	400
	403.5	계	1,614

· 제품평가 · 부피 사용한 팬에 대하여 부피가 알맞고 균일한 부피가 되어야 한다.
외부 균형 찌그러짐이 없이 줄무늬가 분명하고 균형이 잘 잡혀 있어야 한다.
껍질 무늬가 있는 면의 껍질색이 황금갈색으로 두껍지 않아야 한다.
내상 부위별 기공이 균일하고 조직이 부드러우며, 줄무늬 등이 없어야 한다.
맛과 향 사용한 재료를 감안할 때 식감이 부드럽고 향이 조화를 이루어야 한다.

· 만드는법 ·

❶ 반죽하기
❶ 볼에 체질한 박력분, 베이킹 파우더를 넣고 설탕, 소금과 같이 고루 섞는다.

❷ 레몬의 노란 껍질을 강판에 갈아 ❶에 넣는다.

❸ ❶에 달걀을 넣고, 녹인 버터 (60℃를 넘지 않게)를 고루 섞는다.

❷ 휴지하기
비닐이나 랩을 덮은 후, 실온에서 30분 휴지한다.

   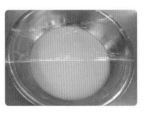

❸ 패닝하기
기름칠한 팬에 80% 정도 채운다.

❹ 굽기
180~185℃/160℃에서 25분 전후로 굽는다.

QnA

Q 버터를 넣을 때 어느 정도의 온도가 좋을까요?

A 실온의 미지근한 상태라면 B.P가 활성화되지 않습니다 (60℃ 이하 온도).

Q 익었는지 어떻게 알 수 있나요?

A 색이 나고, 손으로 눌러보아 탄력이 있으면 됩니다.

쇼트 브레드 쿠키

시험시간 2시간
공정 반죽형(크림법)
온도 200℃/120℃
굽는 시간 12~15분

요구사항

쇼트 브레드 쿠키를 제조하여 제출하시오.

① 배합표의 각 재료를 계량하여 재료별로 진열하시오(9분).

② 반죽은 수작업으로 하여 크림법으로 제조하시오.

③ 반죽온도는 20℃를 표준으로 하시오.

④ 제시한 정형기를 사용하여 두께 0.7~0.8cm, 지름 5~6cm(정형기에 따라 가감) 정도로 정형하시오.

⑤ 제시한 2개의 팬에 전량 성형하시오. (단, 시험장 팬의 크기에 따라 감독위원이 별도로 지정할 수 있다.)

⑥ 달걀 노른자 칠을 하여 무늬를 만드시오(달걀은 총 7개를 사용하며, 달걀 크기에 따라 감독위원이 가감하여 지정할 수 있다).

• 배합표 반죽용 4개(달걀 1개+노른자용 달걀 3개)

• 달걀 노른자 칠용 달걀 3개

Tip

① 쿠키는 윗면과 밑면의 색깔이 황금갈색이 나야 하므로 두께를 일정하게 하고 오븐에서 철판의 위치교환도 때 맞춰 바꿔야 한다 (밑면 색깔이 나면 철판을 이중으로 해준다).

② 파지반죽과 새반죽을 섞어서 밀어펴기를 해야 수축이 적다.

· 배 합 표 ·

비율(%)	재료명	무게(g)
100	박력분	500
33	마가린	165(166)
33	쇼트닝	165(166)
35	설탕	175(176)
1	소금	5(6)
5	물엿	25(26)
10	달걀	50
10	달걀 노른자	50
0.5	바닐라향	2.5(2)
227.5	계	1,137.5(1,142)

· 제품평가 ·

부피 정형한 반죽량에 대해 부피가 알맞고 적정한 부피로 퍼짐이 일정해야 한다.

외부 균형 찌그러짐이 없이 균일한 모양을 지니고 균형이 살 잡혀야 한다.

표피와 조직 표피색깔이 균일하며 반점이나 심한 요철현상이 없어야 하고, 유지를 많이 사용한 쿠키의 특징을 갖추어야 한다.

맛과 향 씹는 촉감이 거칠거나 끈적거리지 않고 사용한 유지의 맛과 향이 쿠키 특유의 맛과 향에 조화되어야 한다.

· 만드는법 ·

① 반죽하기

❶ 버터와 쇼트닝을 부드럽게 풀어 준 후 설탕, 물엿, 소금을 넣고 크림을 만든다(겨울일 때는 유지를 중탕하면서 마요네즈 상태로 만들어 준다).

❷ 노른자와 달걀을 2~3회 나누어 서서히 투입하면서 부드러운 크림 상태가 되도록 한다.

❸ 체질한 박력분과 향을 가볍게 섞고 한 덩어리가 되도록 뭉쳐 준다.

② 휴지하기

반죽이 마르지 않도록 비닐 등으로 싸서 냉장고에 20~30분간 휴지시킨다.

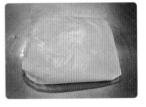

③ 성형하기

❶ 반죽 일부에 덧가루를 이용하여 매끈하게 치대어 준다.

❷ 반죽을 0.7~0.8cm의 두께로 밀어편 후 원형 또는 주름 틀을 이용하여 찍어낸다(성형된 반죽은 두께 및 크기가 일정해야 한다).

④ 패닝하기

평철판(20~25개 되게)에 약 2.5cm 간격으로 패닝한다.

⑤ 무늬내기

달걀 노른자를 2번 칠해준 뒤, 윗면에 포크를 이용하여 무늬를 내준다(일자, 물결무늬, 격자무늬).

⑥ 굽기

190~200℃/120℃에서 12~15분 굽는다.

슈

시험시간 2시간
공정 봉는법
온도 190℃/170℃
굽는 시간 25~30분

요구사항

슈를 제조하여 제출하시오.

① 배합표의 재료를 계량하여 재료별로 진열하시오(5분).

- 재료계량(재료당 1분) → [감독위원 계량확인] → 작품제조 및 정리정돈(전체시험 시간−재료계량시간)
- 재료계량시간 내에 계량을 완료하지 못하여 시간이 초과된 경우 및 계량을 잘못한 경우는 추가의 시간부여 없이 작품제조 및 정리정돈시간을 활용하여 요구사항의 무게대로 계량
- 달걀의 계량은 감독위원이 지정하는 개수로 계량

② 껍질 반죽은 수작업으로 하시오.

③ 반죽은 직경 3cm 전후의 원형으로 짜시오.

④ 커스터드 크림을 껍질에 넣어 제품을 완성하시오.

⑤ 반죽은 전량을 사용하여 성형하시오.

Tip

① 밀가루를 불 위에서 충분히 호화시켜야 오븐에서 잘 부풀고 속이 텅 빈다.

② 오븐에 구울 때 착색 전에 오븐 문을 열게 되면 찬 공기가 유입되어 제품이 주저앉게 된다.

③ 충전용 커스터드 크림을 지급재료로 제공하며, 수험생은 제조하지 않는다.

배합표 | 반죽 |

비율(%)	재료명	무게(g)
125	물	250
100	버터	200
1	소금	2
100	중력분	200
200	달걀	400
526	계	1,052

충전용 재료(계량시간에서 제외)		
비율(%)	재료명	무게(g)
500	커스터드크림	1,000

제품평가

부피 분할한 반죽양에 대하여 부피가 알맞고 균일해야 한다.

외부 균형 찌그러짐이 없이 균형잡힌 모양으로 대칭에 가까워야 한다.

껍질 터짐이 자연스럽고 고른 색깔이 나며, 물렁물렁함이 없고 내부가 잘 익은 상태로 공간이 잘생긴 상태여야 한다.

내상 껍질 크기에 알맞는 양의 크림을 충전한 상태로 너무 적거나 많아서 밖으로 넘치지 않도록 되어야 한다.

맛과 향 바삭바삭한 껍질에 대조적인 크림의 양이 적절해서 슈크림 특유의 맛과 향이 조화를 이루어야 한다.

만드는법

❶ 반죽하기

❶ 볼에 버터, 물, 소금을 넣고 끓인다.

밀가루를 충분히 호화시켜야 한다(감자를 삶아서 으깬 정도의 농도).

❸ 달걀을 2~3회 나누어 넣으면서 농도를 맞춘다.

❷ 모양짜기

1cm짜리 원형 모양깍지를 짤주머니에 끼워 직경 3cm 전후의 크기로 일정하게 짜준다.

❷ 체질한 중력분을 넣어 중불로 5~10분 볶아준다(밀가루가 타지 않도록 재빨리 저어준다).

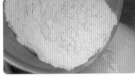
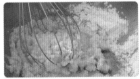

❸ 분무하기

표면이 젖도록 분무기로 물을 뿌려준다.

❹ 굽기

전체 오븐온도 190℃/170℃에서 25~30분 굽는다. 착색이 나기 전에는 오븐 문을 열어서는 안 된다.

❺ 크림 충전하기

제품이 냉각되면 주입기로 크림을 직접 넣거나 일부를 자른 후 크림을 넣는다.

브라우니

시험시간 1시간 50분
공정 1단계 변형 반죽법
온도 170℃/160℃
굽는 시간 60분

요구사항

브라우니를 제조하여 제출하시오.

① 배합표의 각 재료를 계량하여 재료별로 진열하시오(9분).
- 재료계량(재료당 1분) → [감독위원 계량확인] → 작품제조 및 정리정돈(전체시험시간−재료계량시간)
- 재료계량시간 내에 계량을 완료하지 못하여 시간이 초과된 경우 및 계량을 잘못한 경우는 추가의 시간부여 없이 작품제조 및 정리정돈시간을 활용하여 요구사항의 무게대로 계량
- 달걀의 계량은 감독위원이 지정하는 개수로 계량

② 브라우니는 수작업으로 반죽하시오.

③ 버터와 초콜릿을 함께 녹여서 넣는 1단계 변형 반죽법으로 하시오.

④ 반죽온도는 27℃를 표준으로 하시오.

⑤ 반죽은 전량을 사용하여 성형하시오.

⑥ 3호 원형 팬 2개에 패닝하시오.

⑦ 호두의 반은 반죽에 사용하고 나머지 반은 토핑하며, 반죽 속과 윗면에 골고루 분포되게 하시오(호두는 구워서 사용).

Tip

① 초콜릿을 녹일 때 온도가 높아져서 익지 않도록 주의한다.

② 베이킹 시간을 준수하여 덜 익히는 일이 없어야 한다.

비율(%)	재료명	무게(g)
100	중력분	300
120	달걀	360
130	설탕	390
2	소금	6
50	버터	150
150	다크초콜릿(커버춰)	450
10	코코아 파우더	30
2	바닐라향	6
50	호두	150
614	계	1,842

· 제품평가 ·

부피 팬에 맞는 분할무게에 대하여 부피가 알맞고 균일한 부피가 되어야 한다.

외부 균형 찌그러짐이 없이 균일한 모양을 지니고 균형이 잘 잡혀 있어야 한다.

껍질 껍질이 부드러우면서 부위별로 고른 색깔이 나며 얼룩반점, 공기방울 자국이 나지 않고 고운 표피의 옆면, 밑면이 되어야 한다.

내상 기공과 조직이 부위별로 고르며, 코코아가 뭉치지 않고 호두가 고루 분포되어 있으며 부드러운 상태로 되어 있어야 한다.

맛과 향 씹는 촉감이 거칠거나 끈적거리지 않고 코코아 맛과 향이 조화를 이루어야 한다.

· 만드는법 ·

1 반죽하기

❶ 호두는 철판에 종이를 깔고 오븐에 살짝 굽는다.

❷ 초콜릿을 중탕하여 녹인다.

❸ 달걀을 풀고 소금, 설탕을 넣어준다.

❹ 녹인 버터를 녹인 초콜릿에 섞는다.

❺ 체질한 가루재료(중력분, 코코아 파우더, 향)를 넣는다.

❻ 호두 1/2을 반죽에 섞는다.

2 패닝하기

종이를 깐 3호팬에 반죽을 2개 패닝하고 남은 호두를 토핑한다.

3 굽기

전체 온도 170℃/160℃에서 60분 전후로 굽는다.

QnA

Q 브라우니는 검은색인데 익었는지 어떻게 아나요?

A 베이킹 온도와 시간을 준수하시고, 눌러 보아 탄력이 있는지 보세요.

과일 케이크

시험시간 2시간 30분
공정 반죽형(크림법+별립법)
온도 180℃/160℃
굽는 시간 50~60분

요구사항

과일 케이크를 제조하여 제출하시오.

① 배합표의 각 재료를 계량하여 재료별로 진열하시오(13분).

- 재료계량(재료당 1분) → [감독위원 계량확인] → 작품제조 및 정리정돈(전체시험시간−재료계량시간)
- 재료계량시간 내에 계량을 완료하지 못하여 시간이 초과된 경우 및 계량을 잘못한 경우는 추가의 시간부여 없이 작품제조 및 정리정돈시간을 활용하여 요구사항의 무게대로 계량
- 달걀의 계량은 감독위원이 지정하는 개수로 계량

② 반죽은 별립법으로 제조하시오.

③ 반죽온도는 23℃를 표준으로 하시오.

④ 제시한 팬에 알맞도록 분할하시오.

⑤ 반죽은 전량을 사용하여 성형하시오.

Tip

① 충전물을 적당한 크기로 썰어서 술에 버무려 준다.

② 각 재료의 혼합이 균일하고, 과일이 밑으로 가라앉지 않도록 한다. 가루 일부를 건조 과일과 섞으면 가라앉는 것을 방지할 수 있다.

비율(%)	재료명	무게(g)	비율(%)	재료명	무게(g)
100	박력분	500	15	건포도	75(76)
90	설탕	450	30	체리	150
55	마가린	275(276)	20	호두	100
100	달걀	500	13	오렌지 필	65(66)
18	우유	90	16	럼주(제과제빵용)	80
1	베이킹 파우더	5(4)	0.4	바닐라향	2
1.5	소금	7.5(8)	459.9	계	2,299.5 (2,300~2,302)

• 배합표 •

• 제품평가 •

부피 팬에 맞는 분할무게에 대하여 부피가 알맞고 균일한 부피가 되어야 한다.
외부 균형 찌그러짐이 없이 균일한 모양을 지니고 균형이 잘 잡혀야 한다.
껍질 껍질이 부드러우면서 부위별로 고른 색깔이 나며 얼룩점 등이 없이 곱게 되어야 한다.
내상 기공과 조직이 부위별로 고르며, 과일의 분포가 가급적 균일하게 분산되어 있어야 한다.
맛과 향 씹는 촉감이 거칠거나 끈적거리지 않고 과일의 맛과 향이 조화를 이루어야 한다.

• 만드는법 •

1 반죽하기

❶ 과일은 럼주에 버무려 전처리한다. 체에 받쳐 물기를 제거한 뒤, 가루 일부와 섞는다.

❷ 달걀 흰자와 노른자를 분리한다.

❸ 유지를 부드럽게 풀어준 후 설탕 1/2과 소금을 넣어 크림화시킨다.

❹ 노른자를 2~3회 나누어 넣고 충분히 크림화시켜 부드러운 크림 상태를 만든 다음 우유를 넣어 완성한다.

❺ 흰자를 60%까지 거품을 낸 후 나머지 설탕을 2회 나누어 투입하여 머랭을 제조한다(90%).

❻ 반죽에 전처리한 과일을 넣고 섞어준다.

❼ 머랭 1/3을 ❹의 반죽에 혼합하고 체친 가루(박력분. B.P). 향을 투입하여 고루 섞어준다.

❽ 나머지 머랭을 가볍게 혼합하여 반죽을 완료한다.

2 패닝하기

제시한 팬에 종이를 재단하여 깔고 약 70%로 패닝한다.

3 굽기

180~185℃/160℃에서 약 50~60분간 굽는다.

 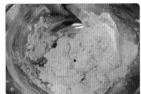 

파운드 케이크

시험시간 2시간 30분
공정 반죽형(크림법)
온도 210℃/200℃ → 180℃/170℃
굽는 시간 50~55분

요구사항

파운드 케이크를 제조하여 제출하시오.

① 배합표의 각 재료를 계량하여 재료별로 진열하시오(9분).
- 재료계량(재료당 1분) → [감독위원 계량확인] → 작품제조 및 정리정돈(전체시험시간-재료계량시간)
- 재료계량시간 내에 계량을 완료하지 못하여 시간이 초과된 경우 및 계량을 잘못한 경우는 추가의 시간부여 없이 작품제조 및 정리정돈시간을 활용하여 요구사항의 무게대로 계량
- 달걀의 계량은 감독위원이 지정하는 개수로 계량

② 반죽은 크림법으로 제조하시오.

③ 반죽온도는 23℃를 표준으로 하시오.

④ 반죽의 비중을 측정하시오.

⑤ 윗면을 터뜨리는 제품을 만드시오.

⑥ 반죽은 전량을 사용하여 성형하시오.

Tip

① 반죽의 가운데를 칼집 낸 후 오븐 온도를 줄이는 것에 유의한다.

② 반죽을 할 때 충분히 크림화시키도록 하고 달걀을 한꺼번에 넣어 분리되지 않도록 조심한다.

③ 자주 스크래핑을 하여 재료가 잘 섞이도록 한다.

비율(%)	재료명	무게(g)
100	박력분	800
80	설탕	640
80	버터	640
2	유화제	16
1	소금	8
2	탈지분유	16
0.5	바닐라향	4
2	베이킹 파우더	16
80	달걀	640
347.5	계	2,780

제품평가

부피 팬에 맞는 분할무게에 대하여 부피가 알맞고 균일한 부피가 되어야 한다.

외부 균형 찌그러짐이 없이 균일한 모양을 지니고 균형이 잘 잡혀야 한다.

껍질 껍질이 부드러우면서 부위별로 고른 색깔이 나며 노른자 칠이 잘 되어 있어야 한다.

내상 기공과 조직이 부위별로 고르며, 밝은 황색으로 부드러운 상태가 되어야 한다.

맛과 향 씹는 촉감이 거칠거나 끈적거리지 않고 조화를 이룬 맛과 향이 나야 한다.

만드는법

1 반죽하기

❶ 버터를 부드럽게 풀어준다.

❷ 소금, 설탕, 유화제를 넣고 크림화한다.

❸ 재료가 잘 섞이도록 자주 스크래핑을 해준다.

❹ 달걀을 2~3회 나누어 서서히 투입하여 부드러운 크림 상태가 되도록 한다.

❺ 체질한 박력분, B.P, 분유와 바닐라향을 저속으로 섞어준다.

※ 비중 ⇒ 0.8 ± 0.05

❻ 기계에서 내린 후 주걱으로 고루 섞어준다.

2 패닝하기

파운드팬 크기에 맞도록 종이를 재단하고 반죽을 70%까지 패닝한다.

3 굽기

❶ 210℃/200℃의 오븐에서 윗면이 갈색이 나면(5~7분) 칼끝에 기름을 묻혀 중앙을 터뜨린다.

❷ 뚜껑을 덮고 180℃/170℃에서 35~40분간 굽는다.

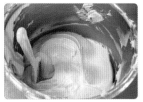

다쿠와즈

시험시간 1시간 50분
공정 거품형(흰자이용)
온도 190℃/140℃
굽는 시간 6~9분

요구사항

다쿠와즈를 제조하여 제출하시오.

① 배합표의 각 재료를 계량하여 재료별로 진열하시오(5분).
- 재료계량(재료당 1분) → [감독위원 계량확인] → 작품제조 및 정리정돈(전체시험 시간−재료계량시간)
- 재료계량시간 내에 계량을 완료하지 못하여 시간이 초과된 경우 및 계량을 잘못한 경우는 추가의 시간부여 없이 작품제조 및 정리정돈시간을 활용하여 요구사항의 무게대로 계량
- 달걀의 계량은 감독위원이 지정하는 개수로 계량

② 머랭을 사용하는 반죽을 만드시오.

③ 표피가 갈라지는 다쿠와즈를 만드시오.

④ 다쿠와즈 2개를 크림으로 샌드하여 1조의 제품으로 완성하시오.

⑤ 반죽은 전량을 사용하여 성형하시오.

Tip

흰자에 가루 재료를 섞을 때는 빠르고 가볍게 섞어야 질어지지 않는다.

배합표

	반죽			충전용 재료(계량시간에서 제외)	
비율(%)	재료명	무게(g)	비율(%)	재료명	무게(g)
130	달걀 흰자	325(326)	90	버터크림(샌드용)	225(226)
40	설탕	100			
80	아몬드 분말	200			
66	분당	165(166)			
20	박력분	50			
336	계	840(842)			

제품평가

부피 팬에 알맞는 균일한 부피가 되어야 한다.

외부 균형 찌그러짐이 없고 균형이 잘 잡혀 있으며, 샌드한 짝의 크기가 일정해야 한다.

껍질 껍질 색상이 고르게 밝은 황색을 띠며, 터짐(균열)이 균일하고 보기 좋아야 한다.

내상 샌드한 크림이 내면에 고르게 분포되고 양이 적당하며, 기공이 균일해야 한다.

맛과 향 다쿠와즈 특유의 식감과 크림의 조화가 잘 이루어져야 한다.

만드는법

1 반죽하기

❶ 흰자를 믹서 볼에 넣고 풀어 준다(기계 사용 가능).

❷ 흰자를 60%까지 올린 후 설탕을 2회 나누어 넣고 90~95%까지 머랭을 올린다.

❸ 체질한 가루(아몬드 파우더. 슈거 파우더. 박력분)를 가볍게 섞어준다.

2 짜기

❶ 분무한 틀에 반죽을 짠 뒤 스패츌러를 이용해 고르게 펴고 슈거 파우더를 뿌린다.

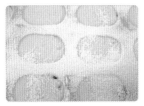

❷ 원형 1cm 깍지를 이용해 동심원으로 직경 5cm 정도 짠 뒤 슈거 파우더를 뿌린다.

3 굽기

190℃/140℃으로 6~9분 굽는다.

4 떼기 · 성형하기

❶ 뒤집어 물을 바른다.

❷ 종이에서 제품을 떼어낸 뒤 샌드용 크림을 발라서 완성시킨다.

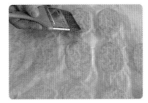

타르트

시험시간 2시간 20분
공정 반죽형(크림법)
온도 180℃/160℃
굽는 시간 30~35분

요구사항

타르트를 제조하여 제출하시오.

① 배합표의 반죽용 재료를 계량하여 재료별로 진열하시오(5분).
　※ 충전물·토핑 등의 재료는 휴지시간을 활용하시오.
　• 재료계량(재료당 1분) → [감독위원 계량확인] → 작품제조 및 정리정돈(전체시험
　　시간−재료계량시간)
　• 재료계량시간 내에 계량을 완료하지 못하여 시간이 초과된 경우 및 계량을 잘못한
　　경우는 추가의 시간부여 없이 작품제조 및 정리정돈시간을 활용하여 요구사항의
　　무게대로 계량
　• 달걀의 계량은 감독위원이 지정하는 개수로 계량
② 반죽은 크림법으로 제조하시오.
③ 반죽온도는 20℃를 표준으로 하시오.
④ 반죽은 냉장고에서 20~30분 정도 휴지하시오.
⑤ 두께 3mm 정도로 밀어 펴서 팬에 맞게 성형하시오.
⑥ 아몬드 크림을 제조해서 팬(∅10~12cm) 용적의 60~70% 정도 충전
　하시오.
⑦ 아몬드 슬라이스를 윗면에 고르게 장식하시오.
⑧ 8개를 성형하시오.
⑨ 광택제로 제품을 완성하시오.

Tip

① 크림 제조 시 달걀을 한 번에 넣어 분리되
　지 않도록 한다.
② 휴지한 뒤 사용하기 전에 잘 섞어야 매끄
　러운 제품을 얻을 수 있다.

반죽				충전물(계량시간에서 제외)		
비율(%)	재료명	무게(g)	비율(%)	재료명	무게(g)
100	박력분	400	100	아몬드 분말	250
25	달걀	100	90	설탕	226
26	설탕	104	100	버터	250
40	버터	160	65	달걀	162
0.5	소금	2	12	브랜디	30
191.5	계	766	367	계	918

광택제 및 토핑(계량시간에서 제외)		
비율(%)	재료명	무게(g)
100	에프리코트혼당	150
40	물	60
140	계	210
66.6	아몬드 슬라이스	100

· 제품평가 ·

부피 껍질 직경에 대한 충전물의 양이 알맞게 들어 있어 부피감이 나야 한다.
외부 균형 대칭을 이룬 원반 모양으로 위, 아래 일그러진 부위가 없어야 한다.
껍질 아몬드가 고루 분포되며 밝은 황색계열로 얼룩점 등이 없고 충전물이 넘치지 않아야 한다.
내상 충전물의 '반죽되기'가 알맞고 양이 적절해야 한다.
맛과 향 껍질과 충전물이 조화를 이루어 타르트 특유의 맛과 향이 우수해야 한다.

· 만드는법 ·

① 반죽하기

❶ 버터를 부드럽게 풀고 설탕과 소금을 넣고 크림화한다.
❷ 달걀을 나누어 투입한 뒤, 박력분을 가볍게 섞고 한 덩어리가 되도록 뭉쳐 준다.

② 휴지하기

반죽이 마르지 않도록 비닐 등으로 싸서 냉장고에 20~30분간 휴지시킨다.

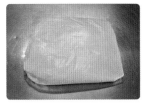

③ 충전물 제조하기

❶ 버터를 풀고 설탕을 넣고 크림화한다.
❷ 달걀을 나누어 넣고 아몬드 분말 체질한 것과 브랜디를 넣어준다.

④ 성형하기

❶ 휴지된 반죽을 3mm로 밀어 편 뒤 팬에 깔고 팬 안쪽까지 손으로 가볍게 누른 뒤 포크로 피캐 한다.

❷ 크림을 채운다.

❸ 아몬드 슬라이스를 고루 뿌린다.

⑤ 굽기

180℃/160℃에서 30~35분 정도 굽는다.

⑥ 빼내기

틀에서 빼낸다.

⑦ 광택제 바르기

에트리코트혼당과 물을 끓여서 만든 광택제를 붓으로 바른다.

흑미 롤 케이크(공립법)

시험시간 1시간 50분
공정 공립법
온도 190℃/160℃
굽는 시간 15~20분

요구사항

흑미 롤 케이크(공립법)를 제조하여 제출하시오.

① 배합표의 각 재료를 계량하여 재료별로 진열하시오(7분).

- 재료계량(재료당 1분) → [감독위원 계량확인] → 작품제조 및 정리정돈(전체시험시간−재료계량시간)
- 재료계량시간 내에 계량을 완료하지 못하여 시간이 초과된 경우 및 계량을 잘못한 경우는 추가의 시간부여 없이 작품제조 및 정리정돈시간을 활용하여 요구사항의 무게대로 계량
- 달걀의 계량은 감독위원이 지정하는 개수로 계량

② 반죽은 공립법으로 제조하시오.

③ 반죽온도는 25℃를 표준으로 하시오.

④ 반죽의 비중을 측정하시오.

⑤ 제시한 팬에 알맞도록 분할하시오.

⑥ 반죽은 전량을 사용하여 성형하시오.

Tip

① 너무 오랫동안 믹싱하여 비중이 높아지지 않게 한다.

② 반죽을 철판에 고루 펴 준다.

③ 반죽을 편 후 철판을 내리쳐서 기포를 제거한다.

④ 생크림을 충분히 휘핑하여 충전한다.

· 배 합 표 · | 반죽 |　　　　　　　　　　　　　　　　　| 충전용 재료(계량시간에서 제외) |

비율(%)	재료명	무게(g)	비율(%)	재료명	무게(g)
80	박력쌀가루	240	60	생크림	150
20	흑미쌀가루	60			
100	설탕	300			
155	달걀	465			
0.8	소금	2.4(2)			
0.8	베이킹 파우더	2.4(2)			
60	우유	180			
416.6	계	1,249.8(1,249)			

· 제품평가 ·
부피 팬에 맞는 분할무게에 대하여 부피가 알맞고 균일한 부피가 되어야 한다.
외부 균형 찌그러짐이 없이 균형 잡힌 원통형이어야 한다.
껍질 껍질 색깔이 일정하고 보기 좋아야 하며 터지거나 주름이 없어야 한다.
내상 기공과 조직이 부위별로 균일하며 생크림의 두께가 알맞게 되어야 한다.
맛과 향 씹는 촉감이 부드러우면서 거칠거나 끈적거리지 않고 생크림의 맛과 향이 전체 제품과 조화를 이
　　　루어야 한다.

· 만드는법 ·

① 반죽하기
❶ 계란을 풀고 중탕하여 저어
　준다.

❷ 기계에 걸고 10분 이상 고속
　을 교반하고, 중속으로 1~2
　분 더 교반한다.

❸ 손으로 가볍게 섞는다.

❹ 반죽 일부를 덜어내어 따뜻
　하게 데운 우유와 섞는다.
　※ 비중 ⇒ 0.45 ± 0.05

  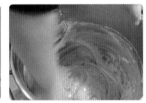 

② 패닝하기
철판에 종이를 깔고 골고루 펴
준다.

④ 말기
타공팬에 옮긴 후 식으면 휘핑
한 생크림을 발라서 말아준다.

③ 굽기
190℃/160℃에서 15~20분 굽
는다.

시폰 케이크(시폰법)

시험시간 1시간 40분
공정 거품형(시폰법)
온도 180℃/160℃
굽는 시간 35분 전후

요구사항

시폰 케이크(시폰법)를 제조하여 제출하시오.

① 배합표의 각 재료를 계량하여 재료별로 진열하시오(8분).

- 재료계량(재료당 1분) → [감독위원 계량확인] → 작품제조 및 정리정돈(전체시험시간－재료계량시간)
- 재료계량시간 내에 계량을 완료하지 못하여 시간이 초과된 경우 및 계량을 잘못한 경우는 추가의 시간부여 없이 작품제조 및 정리정돈시간을 활용하여 요구사항의 무게대로 계량
- 달걀의 계량은 감독위원이 지정하는 개수로 계량

② 반죽은 시폰법으로 제조하고 비중을 측정하시오.

③ 반죽온도는 23℃를 표준으로 하시오.

④ 시폰팬을 사용하여 반죽을 분할하고 구우시오.

⑤ 반죽은 전량을 사용하여 성형하시오.

Tip

껍질은 두껍지 않고 부드러워야 하며 팬에서 분리할 때 흠집이 나거나 큰 공기방울(물방울) 자국이 생기지 않아야 좋다.

비율(%)	재료명	무게(g)
100	박력분	400
65	설탕(A)	260
65	설탕(B)	260
150	달걀	600
1.5	소금	6
2.5	베이킹 파우더	10
40	식용유	160
30	물	120
454	계	1,816

제품평가

부피 팬에 맞는 분할무게에 대하여 부피가 알맞고 균일한 부피가 되어야 한다.

외부 균형 찌그러짐이 없이 균일한 모양을 지니고 균형이 잘 잡혀야 한다.

껍질 밑면의 색깔이 엷으며 부위별로 고른 색상으로 반점과 공기방울 자국이 나지 않고 부드러워야 한다.

내상 기공과 조직이 부위별로 고르며, 밝은 황색으로 탄력성이 좋아야 한다.

맛과 향 씹는 촉감이 거칠거나 끈적거리지 않고 탄력성이 좋으면서 맛과 향이 조화를 이루어야 한다.

만드는법

❶ 반죽하기

❶ 달걀을 흰자와 노른자로 분리한다. 분리 시 흰자에 노른자가 들어가지 않게 한다.

❷ 노른자를 풀고 설탕(A), 소금을 넣고 믹싱한 후 물과 식용유를 넣고 믹싱한다.

❸ 체질한 가루(박력분, B.P)를 덩어리가 없도록 가볍게 섞는다.

❹ 흰자에 60% 정도 거품을 낸 후 설탕(B)를 2~3회 나누어 투입하여 90%의 머랭을 제조한다.

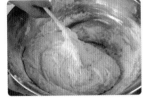

❺ 흰자 머랭을 노른자 반죽에 2~3회 나누어 혼합한다.
※ 비중 ⇒ 0.45 ± 0.05

❷ 패닝하기

❶ 시폰틀에 물을 뿌려준다. 팬 준비 시 팬 바닥에 물이 고이지 않을 정도로 뿌린 후 뒤집어 놓는다.

❷ 반죽의 70%까지 패닝한다.

❸ 굽기

180℃/160℃에서 조절하여 35분 전후로 굽는다.

❹ 떼 내기

기름칠한 종이 위에 엎어 놓고 젖은 수건을 덮거나 물을 뿌려 팬을 급냉시킨 후 꺼낸다.

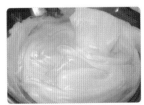

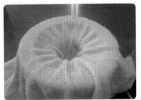

마데라(컵) 케이크

시험시간 2시간
공정 반죽형(크림법)
온도 180℃/160℃
굽는 시간 20~30분

요구사항

마데라(컵) 케이크를 제조하여 제출하시오.

① 배합표의 각 재료를 계량하여 재료별로 진열하시오(9분).

• 재료계량(재료당 1분) → [감독위원 계량확인] → 작품제조 및 정리정돈(전체시험시간-재료계량시간)

• 재료계량시간 내에 계량을 완료하지 못하여 시간이 초과된 경우 및 계량을 잘못한 경우는 추가의 시간부여 없이 작품제조 및 정리정돈시간을 활용하여 요구사항의 무게대로 계량

• 달걀의 계량은 감독위원이 지정하는 개수로 계량

② 반죽은 크림법으로 제조하시오.

③ 반죽온도는 24℃를 표준으로 하시오.

④ 반죽분할은 주어진 팬에 알맞은 양을 패닝하시오.

⑤ 적포도주 퐁당을 1회 바르시오.

⑥ 반죽은 전량을 사용하여 성형하시오.

※ 감독위원은 시험 전 주어진 팬을 감안하여 팬의 개수를 지정하여 공지한다.

Tip

① 반죽량을 균일하게 짜야 제품이 균일하게 나온다.

② 적포도주 시럽을 너무 많이 바르지 않는다.

| 반죽 |

비율(%)	재료명	무게(g)
100	박력분	400
85	버터	340
80	설탕	320
1	소금	4
85	달걀	340
2.5	베이킹 파우더	10
25	건포도	100
10	호두	40
30	적포도주	120
418.5	계	1,674

| 충전용 재료(계량시간에서 제외) |

비율(%)	재료명	무게(g)
20	분당	80
5	적포도주	20

· 제품평가 ·

부피 팬에 맞는 분할무게에 대하여 부피가 알맞고 균일한 부피가 되어야 한다.

외부 균형 찌그러짐, 터짐이 없이 균형이 잘 잡혀야 한다.

껍질 껍질색이 일정하고 보기 좋아야 한다.

내상 기공과 조직이 부위별로 일정하고 건포도와 호두가 골고루 분포되어 있어야 한다.

맛과 향 씹는 촉감이 부드러우면서 거칠거나 끈적거리지 않고 맛과 향이 전체 제품과 조화를 이루어야 한다.

· 만드는법 ·

❶ 반죽하기

❶ 볼에 버터를 넣고 부드럽게 한다.

❷ 설탕, 소금을 넣고 크림화한다(5~10분).

❸ 달걀을 조금씩 2~3회 나누어 넣으면서 크림화한다.

❹ 건포도와 잘게 썬 호두에 약간의 덧가루를 버무려 둔다.

❺ 체친 가루(박력분, 베이킹 파우더)를 ❸에 가볍게 섞은 뒤 ❹를 넣은 후 적포도주를 넣는다.

❷ 패닝하기

컵에 유산지를 깔고 반죽을 짤주머니에 담아 80% 정도 짜준다.

❸ 굽기

180℃/160℃에서 20~30분 굽는다.

❹ 시럽 바르기

95% 익었을 때 퐁당을 1회 발라 오븐에서 5분 정도 더 굽는다.

QnA

Q 건포도와 호두는 왜 밀가루에 버무리나요?

A 건포도와 호두가 가라앉는 것을 방지하기 위함입니다.

Q 제품이 익었는지 어떻게 아나요?

A 부풀어서 색이 나면 손으로 눌러보세요. 탄력이 느껴지면 익은 것입니다.

버터 쿠키

시험시간 2시간
공정 반죽형(크림법)
온도 190~200℃/100℃
굽는 시간 8~10분

요구사항

버터 쿠키를 제조하여 제출하시오.

① 배합표의 각 재료를 계량하여 재료별로 진열하시오(6분).

　• 재료계량(재료당 1분) → [감독위원 계량확인] → 작품제조 및 정리정돈(전체시험
　　시간–재료계량시간)

　• 재료계량시간 내에 계량을 완료하지 못하여 시간이 초과된 경우 및 계량을 잘못한
　　경우는 추가의 시간부여 없이 작품제조 및 정리정돈시간을 활용하여 요구사항의
　　무게대로 계량

　• 달걀의 계량은 감독위원이 지정하는 개수로 계량

② 반죽은 크림법으로 수작업 하시오.

③ 반죽온도는 22℃를 표준으로 하시오.

④ 별모양깍지를 끼운 짤주머니를 사용하여 2가지 모양짜기를 하시오
　(8자, 장미모양).

⑤ 반죽은 전량을 사용하여 성형하시오.

Tip

① 반죽 시 설탕을 과도하게 녹이면 구웠을
　때 많이 퍼져서 딱딱해지는 원인이 된다.

② 쿠키를 구웠을 때 윗면과 밑면이 고른 색
　깔이 나야 하며 선명한 결이 보여야 한다.

③ 균일하게 짜주어야 타거나 덜 익은 제품이
　없다.

비율(%)	재료명	무게(g)
100	박력분	400
70	버터	280
50	설탕	200
1	소금	4
30	달걀	120
0.5	바닐라향	2
251.5	계	1,006

• 제품평가 •

부피 분할무게에 대하여 부피가 알맞고 균일한 부피가 되어야 한다.

외부 균형 찌그러짐이 없이 균일한 모양을 지니고 균형이 잘 잡혀야 한다.

표피와 조직 표피가 갈라짐이 없고 내부는 파삭파삭거려야 한다.

맛과 향 식감이 전체적으로 부드럽고 버터 고유의 맛과 향이 나야 한다.

• 만드는법 •

① 반죽하기

❶ 버터를 부드럽게 풀어 준 후 (마요네즈 상태) 설탕, 소금을 넣고 크림화한다.

❷ 달걀을 2번 나누어 투입하면서 부드러운 크림 상태가 되도록 한다.

❸ 박력분과 향을 체질한 후 가볍게 혼합한다.

② 모양짜기

짜는 주머니에 별모양깍지(날 5~6개짜리)를 끼워 평철판에 8자 모양으로 짜준다(크기, 간격, 두께가 일정하게 짜야 한다).

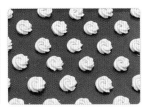

③ 굽기

❶ 190~200℃/100℃에서 8~10분 굽는다.

❷ 적절한 시기에 팬의 위치를 바꾸어 쿠키가 황금갈색이 나도록 한다.

QnA

Q 설탕이 완전히 녹을 때까지 저어야 하나요?

A 설탕의 양이 많기 때문에 잘 녹지는 않습니다. 크림화도 지나치면 오히려 굽기 중에 많이 퍼져서 깍지결이 살지 않고 감점이 됩니다.

Q 언제 위치 교환을 하나요?

A 위의 모양이 굳고, 밑면의 색이 조금 나면 위치 교환을 합니다. 밑불이 강하면 이중 철판을 해주어야 합니다.

치즈 케이크

시험시간 2시간 30분
공정 별립법
온도 170℃/160℃
굽는 시간 50~60분(중탕)

치즈 케이크를 제조하여 제출하시오.

① 배합표의 각 재료를 계량하여 재료별로 진열하시오(9분).

- 재료계량(재료당 1분) → [감독위원 계량확인] → 작품제조 및 정리정돈(전체시험 시간−재료계량시간)
- 재료계량시간 내에 계량을 완료하지 못하여 시간이 초과된 경우 및 계량을 잘못한 경우는 추가의 시간부여 없이 작품제조 및 정리정돈시간을 활용하여 요구사항의 무게대로 계량
- 달걀의 계량은 감독위원이 지정하는 개수로 계량

② 반죽은 별립법으로 제조하시오.

③ 반죽온도는 20℃를 표준으로 하시오.

④ 반죽의 비중을 측정하시오.

⑤ 제시한 팬에 알맞도록 분할하시오.

⑥ 굽기는 중탕으로 하시오.

⑦ 반죽은 전량을 사용하시오.

※ 감독위원은 시험 전 주어진 팬을 감안하여 팬의 개수를 지정하여 공지한다.

① 반죽을 일정하게 짜준다.

② 베이킹 시간을 준수하여야 찌그러짐이 없다.

③ 오븐 옆의 공기구멍을 당겨서 온도가 높게 올라가지 않게 한다.

배 합 표

비율(%)	재료명	무게(g)
100	중력분	80
100	버터	80
100	설탕(A)	80
100	설탕(B)	80
300	달걀	240
500	크림치즈	400
162.5	우유	130
12.5	럼주	10
25	레몬주스	20
1,400	계	1,120

제품평가

부피 팬에 맞는 분할무게에 대하여 부피가 알맞고 균일한 부피가 되어야 한다.

외부 균형 찌그러짐이 없이 균일한 모양을 지니고 균형이 잘 잡혀야 한다.

껍질 껍질이 부드러우면서 부위별로 고른 색깔이 나며, 얼룩점 등이 없이 곱게 되어야 한다.

내상 기공과 조직이 부위별로 고르게 되어 있어야 한다.

맛과 향 씹는 촉감이 거칠거나 끈적거리지 않고, 치즈향이 조화를 이루어야 한다.

만드는법

1 반죽하기

❶ 틀에 버터를 바른 후 설탕을 뿌려 털어 준다.

❷ 달걀을 흰자와 노른자로 분리한다.

❸ 버터와 크림치즈를 부드럽게 풀어순 후 설탕(A)를 넣어 크림화시키고 노른자를(2~3회) 나누어 넣으며 크림화를 충분히 해서 부드러운 크림상태를 만든다.

❹ 흰자를 60%까지 거품을 낸 후 나머지 설탕을 2회 나누어 투입하여 머랭을 제조한다 (90%).

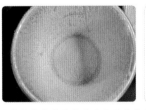

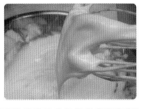

❺ 반죽에 우유를 넣고 섞어준다.

❻ 머랭 1/3을 ❺번의 반죽에 혼합하고 체질한 박력분을 투입하여 고루 섞어준다.

❼ 머랭 1/3을 가볍게 혼합하고 액체재료를 넣은 후 나머지 머랭을 섞어 반죽을 완료한다.

※ 비중 ⇒ 0.7 ± 0.05

2 패닝하기

준비한 팬에 짤주머니를 이용하여 짜준다.

3 굽기

170~160℃에서 약 50~60분간 중탕하여 굽는다.

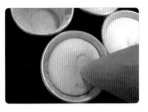

호두파이

시험시간 2시간 30분
공정 블랜딩법
온도 185℃/170℃
굽는 시간 30~35분

호두파이를 제조하여 제출하시오.

① 껍질 재료를 계량하여 재료별로 진열하시오.(7분).

• 재료계량(재료당 1분) → [감독위원 계량확인] → 작품제조 및 정리정돈(전체시험시간−재료계량시간)

• 재료계량시간 내에 계량을 완료하지 못하여 시간이 초과된 경우 및 계량을 잘못한 경우는 추가의 시간부여 없이 작품제조 및 정리정돈시간을 활용하여 요구사항의 무게대로 계량

• 달걀의 계량은 감독위원이 지정하는 개수로 계량

② 껍질에 결이 있는 제품으로 손반죽으로 제조하시오.

③ 껍질 휴지는 냉장온도에서 실시하시오.

④ 충전물은 개인별로 각자 제조하시오(호두는 구워서 사용).

⑤ 구운 후 충전물의 층이 선명하도록 제조하시오.

⑥ 제시한 팬 7개에 맞는 껍질을 제조하시오(팬 크기가 다를 경우 크기에 따라 가감).

⑦ 반죽은 전량을 사용하여 성형하시오.

① 껍질 제조 시 결이 살도록 너무 치대지 않는다.

② 충전물 제조 시 중탕 후 완전히 식힌다.

③ 충전물을 파이팬에 부을 때 비커를 이용하면 흘리지 않고 작업할 수 있다.

	껍질			충전물(계량시간에서 제외)	
비율(%)	재료명	무게(g)	비율(%)	재료명	무게(g)
100	중력분	400	100	호두	250
10	노른자	40	100	설탕	250
1.5	소금	6	100	물엿	250
3	설탕	12	1	계핏가루	2.5(2)
12	생크림	48	40	물	100
40	버터	160	240	달걀	600
25	물	100	581	계	1,452.5(1,452)
191.5	계	766			

• 제품평가 •

부피 껍질 직경에 대한 충전물의 양이 알맞게 들어있어 부피감이 나야 한다.

외부 균형 가장자리 모양이 일정해야 한다.

껍질 약간의 결이 있으며, 밝은 황색계열로 얼룩점 등이 없어야 한다.

내상 충전물의 양이 적절해야 한다.

맛과 향 껍질과 충전물이 조화를 이루어 호두파이 특유의 맛과 향이 우수해야 한다.

• 만드는법 •

1 껍질 제조하기

❶ 찬물에 설탕, 소금을 녹인다.

❷ 체에 친 중력분을 넣고 버터가 콩알 크기가 되도록 다진다. 버터가 너무 무르면 냉장고에서 굳혀 사용한다.

❸ 가운데를 우물처럼 움푹하게 만든 후 액체재료를 넣고 한 덩어리가 되도록 혼합한다.

2 껍질 반죽 휴지

냉장온도에서 비닐봉지 등으로 싸서 20∼30분간 휴지시킨다.

3 충전물 제조하기

❶ 달걀의 거품이 일지 않게 알끈만 톡톡 쳐서 제거해 준다.

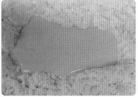

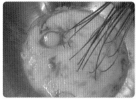

❷ 설탕, 물엿, 계핏가루, 물을 혼합한 후 중탕시키며 저어준다.

4 성형하기

❶ 호두를 오븐에 굽는다.

❷ 파이 껍질을 0.3cm로 밀어 펴 파이팬에 깔아준 뒤 가장자리를 손가락을 이용하여 무늬를 만든다.

❸ 호두 적정량을 나누어 넣고 충전물을 붓는다.

5 굽기

전체 오븐온도 185℃/170℃에서 30∼35분 굽는다.

❸ 설탕이 녹으면 체에 내려 식힌다.

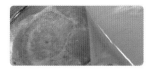

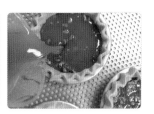

초코 롤 케이크

시험시간 1시간 50분
공정 공립법
온도 190℃/160℃
굽는 시간 15~20분

요구사항

초코 롤 케이크를 제조하여 제출하시오.

① 배합표의 각 재료를 계량하여 재료별로 진열하시오(7분).
- 재료계량(재료당 1분) → [감독위원 계량확인] → 작품제조 및 정리정돈(전체시험 시간−재료계량시간)
- 재료계량시간 내에 계량을 완료하지 못하여 시간이 초과된 경우 및 계량을 잘못한 경우는 추가의 시간부여 없이 작품제조 및 정리정돈시간을 활용하여 요구사항의 무게대로 계량
- 달걀의 계량은 감독위원이 지정하는 개수로 계량

② 반죽은 공립법으로 제조하시오.

③ 반죽온도는 24℃를 표준으로 하시오.

④ 반죽의 비중을 측정하시오.

⑤ 제시한 철판에 알맞도록 패닝하시오.

⑥ 반죽은 전량을 사용하시오.

⑦ 충전용 재료는 가나슈를 만들어 제품에 전량 사용하시오.

⑧ 시트를 구운 윗면에 가나슈를 바르고, 원형이 잘 유지되도록 말아 제품을 완성하시오(반대 방향으로 롤을 말면 성형 및 제품평가 해당 항목 감점).

Tip

① 너무 오랫동안 믹싱하여 비중이 높아지지 않게 한다.

② 반죽을 철판에 고루 펴 준다.

③ 반죽을 편 후 철판을 내리쳐서 기포를 제거한다.

④ 가나슈크림이 분리되지 않도록 한다.

· 배 합 표 ·

반죽			충전용 재료(계량시간에서 제외)		
비율(%)	재료명	무게(g)	비율(%)	재료명	무게(g)
100	박력분	168	119	다크커버츄어	200
285	달걀	480	119	생크림	200
128	설탕	216	12	럼	20
21	코코아 파우더	36			
1	베이킹 소다	2			
7	물	12			
17	우유	30			
559	계	944			

· 제품평가 ·

부피 팬에 맞는 분할무게에 대하여 부피가 알맞고 균일한 부피가 되어야 한다.

외부 찌그러짐이 없이 균형 잡힌 원통형이어야 한다.

껍질 껍질 색깔이 일정하고 보기 좋아야 하며 터지거나 주름이 없어야 한다.

내상 기공과 조직이 부위별로 균일하며 가나슈크림의 두께가 알맞게 되어야 한다.

맛과 향 씹는 촉감이 부드러우면서 거칠거나 끈적거리지 않고 가나슈크림의 맛과 향이 전체 제품과 조화를 이루어야 한다.

· 만드는법 ·

1 반죽하기

❶ 계란을 풀고 중탕하며 저어 준다.

❷ 기계에 걸고 10분 이상 고속으로 교반하고, 중속으로 1~2분 더 교반한다.

❸ 손으로 가볍게 섞는다.
※ 비중 ⇒ 0.45 ± 0.05

2 패닝하기

철판에 종이를 깔고 골고루 펴 준다.

3 굽기

190℃/160℃에서 15~20분 굽는다.

4 가나슈크림 만들기

데운 생크림과 녹인 초콜렛을 섞은 후 럼주를 넣어 가나슈크림을 만든다.

5 말기

타공팬에 옮긴 후 식으면 가나슈크림을 발라서 말아준다.

  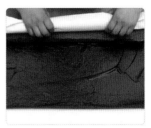

Part 2
제빵기능사 실기

지급재료 중 얼음(식용, 겨울철 제외)은 반죽온도를 낮추는 반죽온도 조절용으로 지급되므로, 얼음물을 사용하여 반죽의 온도를 낮추는 용도로만 활용하시기 바랍니다. 이 외의 변칙적인 방법으로써 얼음물을 믹서기볼 밑바닥에 받쳐 대는 등의 방법은 안전한 시행을 위하여 사용을 금합니다. 만약 수험생이 변칙적인 방법을 사용할 경우 감점처리 됩니다.

❶ 빵 도넛
- 반죽 정도 : 80%
- 성형방법 : 소시지 → 8자, 꽈배기
- 굽는 온도 : 185℃ 튀김
- 굽는 시간 : 1분 전후

❷ 소시지빵
- 반죽 정도 : 100%
- 성형방법 : 낙엽, 꽃잎모양
- 굽는 온도 : 200℃/150℃
- 굽는 시간 : 10~15분

❸ 식빵(비상 스트레이트법)
- 반죽 정도 : 110%
- 성형방법 : 산형
- 굽는 온도 : 180℃/190℃
- 굽는 시간 : 35~40분

❹ 단팥빵(비상 스트레이트법)
- 반죽 정도 : 110%
- 성형방법 : 앙금싸기
- 굽는 온도 : 200℃/160℃
- 굽는 시간 : 15~18분

❺ 그리시니
- 반죽 정도 : 80%
- 성형방법 : 35~40cm 밀어 펴기
- 굽는 온도 : 185℃/160℃
- 굽는 시간 : 15~20분

❻ 밤 식빵
- 반죽 정도 : 100%
- 성형방법 : 원로프형
- 굽는 온도 : 180℃/190℃
- 굽는 시간 : 35~40분

❼ 베이글
- 반죽 정도 : 80%
- 성형방법 : 소시지형 → 원형
- 굽는 온도 : 200℃/170℃
- 굽는 시간 : 25~30분

❽ 스위트 롤
- 반죽 정도 : 100%
- 성형방법 : 밀어펴기
- 굽는 온도 : 190℃/150℃
- 굽는 시간 : 15~18분

❾ 우유 식빵
- 반죽 정도 : 100%
- 성형방법 : 산형
- 굽는 온도 : 180℃/190℃
- 굽는 시간 : 35~40분

❿ 단과자빵(트위스트형)
- 반죽 정도 : 100%
- 성형방법 : 소시지 → 8자, 달팽이, 이중8자
- 굽는 온도 : 200℃/150℃
- 굽는 시간 : 12~15분

⓫ 단과자빵(크림빵)
- 반죽 정도 : 100%
- 성형방법 : 타원형 밀기
- 굽는 온도 : 200℃/150℃
- 굽는 시간 : 15~18분

⓬ 풀먼 식빵
- 반죽 정도 : 100%
- 성형방법 : 산형
- 굽는 온도 : 180℃/190℃
- 굽는 시간 : 35~40분

⑬ 단과자빵(소보로빵)
- 반죽 정도 : 100%
- 성형방법 : 소보로 찍기
- 굽는 온도 : 200℃/150℃
- 굽는 시간 : 15~18분

⑭ 쌀 식빵
- 반죽 정도 : 90%
- 성형방법 : 산형
- 굽는 온도 : 180℃/190℃
- 굽는 시간 : 30~40분

⑮ 호밀빵
- 반죽 정도 : 80%
- 성형방법 : 타원형(럭비공형)
- 굽는 온도 : 185℃/160℃
- 굽는 시간 : 35~40분

⑯ 버터 톱 식빵
- 반죽 정도 : 100%
- 성형방법 : 원로프형
- 굽는 온도 : 180℃/190℃
- 굽는 시간 : 35~40분

⑰ 옥수수 식빵
- 반죽 정도 : 80%
- 성형방법 : 산형
- 굽는 온도 : 180℃/190℃
- 굽는 시간 : 35~40분

⑱ 모카빵
- 반죽 정도 : 100%
- 성형방법 : 고구마형(럭비공형)
- 굽는 온도 : 185~190℃/160℃
- 굽는 시간 : 35분

⑲ 버터 롤
- 반죽 정도 : 100%
- 성형방법 : 올챙이 → 번데기
- 굽는 온도 : 200℃/150℃
- 굽는 시간 : 10~15분

⑳ 통밀빵
- 반죽 정도 : 80%
- 성형방법 : 밀대(봉)형
- 굽는 온도 : 190℃/160℃
- 굽는 시간 : 20~25분

제빵 핵심이론

❶ 빵의 정의

빵은 밀가루와 물을 섞어 발효시킨 뒤 오븐에서 구운 것을 말한다. 즉, 밀가루, 이스트, 소금, 물을 주원료로 하여 당류, 유제품, 계란제품, 식용유지 등의 부재료를 배합해 섞은 반죽을 발효시켜 구운 건강식품을 말한다.

❷ 빵의 분류

⑴ 일반적 분류

분류	종류	특징
식빵류	일반 식빵, 옥수수 식빵, 우유 식빵, 건포도 식빵, 밤 식빵, 전밀빵, 호밀빵, 풀먼 식빵	• 설탕, 달걀 등의 부재료 비율이 적다. • 수분 함유량이 커서 단맛이 적다. • 부재료를 통하여 맛을 바꿀 수 있다.
과자빵류	단팥빵, 소보로빵, 크림빵, 스위트 롤, 데니시 페이스트리	• 부재료의 비율이 높다. • 수분이 적고 단맛이 강하다. • 삼투압이 커 저장성이 높다.
조리빵류	샌드위치, 햄버거, 피자, 포켓 브레드, 핫도그 번	• 맛과 풍미를 다양하게 할 수 있다. • 간식용이다.
특수빵류	빵 도넛, 프랑스빵, 더치 브레드, 베이글, 중국찐빵, 모카빵	• 조리방법이 다양하다.

⑵ 팽창제 사용 유무에 따른 분류

① 발효빵

② 무발효빵

③ 속성빵

⑶ 가열 형태에 따른 분류

① 오븐에 구운 빵

② 기름에 튀긴 빵

③ 스팀에 찐 빵

배합표 작성 → 재료계량 → 반죽 → 1차 발효 → 분할 → 둥글리기 → 중간 발효 → 성형 → 패닝 → 2차 발효 → 굽기 → 냉각 → 포장

❶ 배합표

배합표에 표시된 숫자의 단위는 퍼센트(True percent, T%, 백분율)이며, 일반적으로 밀가루 양을 100%로 보고 각 재료가 차지하는 양을 상대적 %로 표시한 베이커 퍼센트(Baker's percent, B%)를 사용한다.

❷ 재료계량

일반적으로 제과·제빵에서 사용하는 재료들은 부피로 계량하지 않고 무게로 계량한다. 그러나 물인 경우에는 통상 비중이 1이므로 부피로 계량하는 것이 가능하다.

❸ 반죽

(1) 일반적 분류

반죽이란 모든 재료를 균일하게 분산시키고 수화시켜 글루텐을 형성하는 과정을 말하는데, 다음과 같은 반죽 특성을 가진 과정을 거치게 된다. 각 단계마다 반죽의 글루텐 형성 정도에 따라 신장성과 탄력성이 다르므로, 믹싱 속도와 시간 등을 달리하여 제품의 특성에 맞는 단계까지만 반죽을 쳐야 한다.

① 픽업 단계(Pick-up stage) : 픽업이란 가루가 수분을 흡수한다는 뜻으로서 재료가 혼합·수화되는 상태이며, 글루텐은 형성되지 않는다. 데니시 페이스트리 등과 같은 제품은 이 단계의 반죽으로 만든다.

② 클린업 단계(Clean-up stage) : 클린업이란 반죽 표면에 부착되어 있던 미세한 물방울들이 반죽 내에 흡수되어 반죽 표면으로부터 없어진다는 뜻으로, 이로 인해 반죽 표면이 매끈해진다. 글루텐은 약간 형성되어 있지만 신장성이나 가소성은 없는 상태이다. 프랑스빵이나 냉장 발효빵과 같은 제품들의 반죽은 이 단계까지만 믹싱한다.

③ 발전 단계(Development stage) : 글루텐이 많이 형성되어 반죽이 최대의 탄력성을 가지게 되고, 믹서에 최대의 부하가 걸리는 단계이다.

④ 최종 단계(Final stage) : 반죽 표면이 광택이 나고 매끈하며, 반죽의 신장성과 탄력성이 대부분의 빵을 만들기에 가장 적합한 단계이다. 일반적으로 고속으로 믹싱하여 반죽을 쳐서 글루텐을 자극하여 탄력성을 좋게 한다. 이 단계에서는 반죽을 약간 떼어내어 양손으로 서서히 잡아 당겨 펴 보면 손가락 지문이 보일 정도의 얇은 막이 된다.

⑤ 렛다운 단계(Let down stage) : 반죽의 탄력성이 감소하고 신장성이 가장 큰 상태이며, 반죽이 질어지기 시작한다. 햄버거나 잉글리시 머핀 제품에 적합한 반죽 단계이다.

⑥ 파괴 단계(Break down stage) : 반죽이 지나쳐 탄력성, 신장성이 상실되어 축 처지며 글루텐 막이 찢어진다.

| 핵심 포인트 | 밀가루 반죽의 시험기계

• 패리노그래프(Farinograph) : 고속 믹서 내에서 일어나는 물리적 성질을 기록하는 기계로서 밀가루의 흡수율 측정, 글루텐의 질 측정, 믹싱시간 측정, 반죽의 내구성을 측정한다. 500BU에 도달하는 시간으로 밀가루 특성을 알 수 있다.
• 익스텐소그래프(Extensograph) : 반죽의 신장성에 대한 저항을 측정하는 기계로서 패리노그래프의 단점을 보완한다. 밀가루 계량제의 효과를 측정한다.
• 아밀로그래프(Amylograph) : 온도변화에 따라 점도에 미치는 밀가루 α-아밀라아제의 효과를 측정하는 기계이다(밀가루의 호화 정도 측정).
• 레오그래프(Rhe-o-graph) : 반죽이 기계적 발달을 할 때 일어나는 변화를 측정하는 기계로서 밀가루의 흡수율을 측정한다.
• 믹소그래프(Mixograph) : 혼합하는 동안 반죽형성 및 밀가루의 흡수율, 글루텐의 발달 정도를 측정하는 기계이다. 글루텐량과 흡수율의 관계를 비롯하여 반죽시간, 반죽의 내구성을 알 수 있다.

(2) 반죽의 온도조절

① 우선 마찰계수를 구한다. 마찰계수란 일정량의 반죽을 정해진 방법으로 믹싱할 때 반죽온도에 영향을 주는 마찰열을 전체 공식에 맞도록 숫자로 환산한 것이다. 마찰열은 다음과 같은 공식에 의해 구한다.

마찰계수 = 반죽온도 × 3 − (실내 온도 + 밀가루 온도 + 수돗물 온도)

② 다음으로 반죽에 넣는 물의 온도를 구한다.

반죽에 넣는 물의 온도 = 희망 반죽온도 × 3 − (실내 온도 + 밀가루 온도 + 마찰계수)

③ 마지막으로 반죽에 넣는 수돗물의 온도를 ②의 공식에서 구해진 온도에 맞추기 위해서는 얼마만큼의 얼음을 사용해야 하는지를 구한다.

$$얼음 사용량(g) = \frac{[물 사용량 × (수돗물 온도 − 반죽물 온도)]}{(80 + 수돗물 온도)}$$

❹ 1차 발효(Fermentation)

이스트발효에 의하여 생성된 이산화탄소(CO_2)는 팽창작용을 하며 유기산과 에스테르, 알코올, 알데히드 등은 제품의 향 발달, 반죽의 발달 등에 기여한다. 스펀지법의 발효온도는 23~26℃(통상 24℃가 표준)이며, 스트레이트법의 발효온도는 26~28℃(통상 27℃가 표준)이다. 반죽온도를 균일하게 해주어 균일한 발효를 유도해 주고, CO_2 가스방출 및 산소공급으로 산화, 숙성 및 이스트 활동에 활력을 주기 위하여 펀치(가스빼기)를 해준다.

⑤ 분할(Diving)

분할이란 만들려고 하는 빵의 크기에 따라 반죽을 적당한 무게로 나누는 것이다.

⑥ 둥글리기(Rounding)

흐트러진 글루텐의 구조를 정돈해 주고 표피가 형성되어 끈적거림을 방지해 준다. 중간 발효 중에 이산화탄소 가스를 보유할 수 있게 한다.

⑦ 중간 발효(Intermediate proofing)

중간 발효는 일명 벤치타임(Bench time)이라고도 한다. 둥글리기를 마친 반죽은 탄력이 생겨 성형을 하기 전에 휴식이 필요한데 중간 발효를 통해 반죽의 글루텐 조직을 재정돈해 주고, 유연성 회복, 탄력성, 신장성 등이 회복된다. 일반적으로 소형 빵은 15분, 대형 빵이나 탄력이 강한 것은 20~30분 정도 휴지시킨다.

⑧ 성형

성형은 빵의 모양을 만드는 것인데 반죽의 강도를 추측해 가면서 성형의 강약을 조절한다. 반죽의 힘이 부족하다고 느껴지면 성형은 약간 강하게 하고 반죽의 힘이 강할 경우에는 부드럽게 취급한다.

⑨ 패닝(Paning)

성형이 완료된 반죽을 틀에 채우거나 철판에 나열하는 것이다. 이때 비용적은 단위질량을 가진 물체가 차지하는 부피를 말하며, 반죽 1g이 팽창하여 차지하는 부피를 말한다(단위 : cm³/g). 많이 팽창하여 비중이 작은 제품일수록 비용적이 크다.

⑩ 2차 발효(Proofing)

2차 발효는 성형으로 긴장된 반죽을 적당한 풍미와 부피를 가진 빵으로 굽기 위해 신장성을 다시 회복시키는 과정이다. 2차 발효의 3대 요소는 온도, 습도, 시간이며 완제품 부피의 70~80%까지 발효시킨다. 온도는 일반적으로 35~43℃로 유지가 많이 함유된 반죽은 30℃ 정도로 낮추어야 발효 중 반죽 밖으로 흘러나오는 것을 막을 수 있다.

상대습도는 85~90% 정도가 적당하다. 습도가 낮으면 껍질 형성으로 인해 제품의 팽창이 저해되고, 표피가 터지고 색이 불균형하게 나타난다. 반대로 높은 습도에서는 표피에 수분이 응축되어 껍질색이 진해지고 껍질이 질겨지며 기포가 형성된다.

⑪ 굽기(Baking)

굽기는 반죽을 가열하여 단백질과 전분의 열변성으로 맛과 향이 좋고 소화하기 좋은 제품으로 바꾸는 과정이다.

⑴ 굽기과정에서 일어나는 현상

오븐 스프링(Oven spring, 49℃), 향, 껍질색 생성(160℃)이 단계를 거치는 동안 처음 크기의 1/3 정도가 팽창한다.

⑵ 굽는 온도와 시간

① 굽는 온도는 오븐의 성능에 따라 다르지만 대부분 200℃ 전후이다.
② 일반적으로 굽는 시간은 소형 빵의 경우 높은 온도에서 짧게(10~16분), 용량이 크거나 틀에 넣어 굽는 것은 낮은 온도에서 오랫동안(20~40분 전후) 굽는다.
③ 언더베이킹(Underbaking)은 높은 온도로 단시간 구운 상태를 말하며, 제품에 수분이 많고 덜 익으나 가운데가 가라앉기가 쉬우며(M-fault), 오버베이킹(Overbaking)은 낮은 온도로 장시간 구운 상태로 제품에 수분이 적고 노화가 빠르다.

⑶ 굽기손실(Baking loss)

반죽 상태에서 빵의 상태로 구워지는 동안 무게가 줄어드는 현상이다.

⑫ 냉각과 포장(Cooling & Packing)

실온 상태에서 3~4시간 동안 35~40℃로 냉각시켜 포장하는 것이 좋다. 너무 낮은 온도에서 포장할 경우 노화를 가속시키며 높은 온도에서 포장할 경우 수분 응축에서 곰팡이의 발생이 용이하고 제품을 썰기가 어려워진다.
빵의 노화는 수분이 빠지면서 껍질과 속결에서 물리, 화학적 변화로 인해 맛, 촉감, 향이 좋지 않게 되는 현상을 말하는데, 노화는 오븐에서 나오자마자 시작된다. -18℃ 이하에서는 노화가 정지되며 -7~10℃ 사이에서 노화가 가장 빨리 일어난다.

제빵법은 빵의 반죽을 말하며 제조장소의 시설이나 면적, 제조규모에 따라 다양한 방법이 사용된다.

1 스트레이트법(Straight dough method)

모든 재료를 믹서에 한 번에 넣고 믹싱을 하는 방법으로 직접법이라 한다.

(1) 제조공정

① 배합표 작성
- 제과·제빵에서 일반적으로 Baker %를 사용하는데, 밀가루가 항상 100%로 배합된 것을 말한다.
- 전재료의 퍼센트 합이 100%로 작성된 것을 True %라고 한다.

② 재료계량 : 배합표대로 정확히 계량한다.

| 기본 배합표(일반 식빵) |

재료	비율(%)	재료	비율(%)
밀가루	100	소금	2
물	63	설탕	5
이스트	2.5	유지	4
이스트 푸드	0.2	탈지분유	3

③ 반죽
- 밀가루, 이스트, 물 등의 재료를 혼합하여 수화시켜 글루텐을 발전시킨다.
- 반죽온도 : 27℃

④ 1차 발효
- 온도 : 27℃
- 상대습도 : 75%
- 발효시간 : 1~3시간
- 부피 : 3~3.5배 증가
- 펀치 : 가스(CO_2) 빼주기는 이스트의 활동에 활력, 산소공급을 산화, 숙성을 촉진, 반죽 내 온도를 균일하게 한다.

⑤ 분할 : 발효가 진행되지 않도록 20분 이내에 원하는 양만큼 저울을 사용하여 나눈다.

⑥ 둥글리기

- 발효 중 생긴 기포를 제거한다.
- 반죽 표면을 매끄럽게 한다.

⑦ 중간 발효
- 온도 : 28~29℃
- 상대습도 : 75%
- 발효시간 : 15~20분

⑧ 성형 : 원하는 모양으로 만든다.

⑨ 패닝 : 팬에 이음매를 밑으로 하여 반죽을 놓는다.

⑩ 2차 발효
- 온도 : 35~43℃
- 상대습도 : 85~90%
- 발효시간 : 30분~1시간

⑪ 굽기 : 반죽의 크기, 배합재료, 제품종류에 따라 오븐의 온도를 조절한다.

⑫ 냉각 : 구워낸 빵을 35~40℃로 식힌다.

(2) 장·단점(스펀지법과 비교)

장점	단점
• 제조공정이 단순하다. • 제조장, 제조장비가 간단하다. • 노동력과 시간이 절감된다. • 발효손실을 줄일 수 있다.	• 발효 내구성이 약하다. • 잘못된 공정을 수정하기 어렵다. • 노화가 빠르다.

❷ 스펀지 도우법(Sponge dough method)

처음의 반죽을 스펀지(Sponge), 나중의 반죽을 본반죽(Dough)이라 하여 믹싱을 두 번 하므로 중종법이라고도 한다.

(1) 제조공정

① 재료계량 : 배합표대로 정확히 계량한다.

| 스펀지 반죽의 재료사용(일반 식빵) |

재료	스펀지 비율 (100%)	본반죽 비율 (100%)	재료	스펀지 비율 (100%)	본반죽 비율 (100%)
강력분	60	40	소금		2
이스트	2		설탕		5
이스트 푸드	0.1		유지		4
물	55	62	탈지분유		2

② 스펀지 만들기
- 반죽 시간 : 저속에서 4~6분
- 반죽온도 : 22~26℃(통상 24℃)

③ 스펀지 발효(1차 발효)
- 온도 : 27℃
- 상대습도 : 75~80%
- 발효시간 : 3~5시간

④ 도우 믹싱(본반죽) 만들기 : 스펀지 믹싱에 사용한 재료를 제외하고 본반죽용 재료를 전부 넣고 섞는다.

⑤ 플로어 타임 : 반죽 시 파괴된 글루텐 층을 다시 재결합시키기 위하여 10~40분 발효시킨다.

⑥ 분할 : 재료를 정확히 나눈다.

⑦ 둥글리기
- 발효 중 생긴 기포를 제거한다.
- 반죽 표면을 매끄럽게 한다.

⑧ 중간 발효
- 온도 : 35~43℃
- 상대습도 : 85~90%

⑨ 정형 : 반죽을 틀에 넣거나 밀대로 편 뒤 접는다.

⑩ 패닝 : 팬에 정형한 반죽을 놓는다.

⑪ 2차 발효
- 온도 : 35~43℃
- 상대습도 : 85~90%
- 발효시간 : 30분~1시간

⑫ 굽기 : 반죽의 크기, 배합재료, 제품종류에 따라 오븐의 온도를 조절하여 굽는다.

⑬ 냉각 : 구워낸 빵을 35~40℃로 식힌다.

(2) 장·단점(스트레이트법과 비교)

장점	단점
• 작업공정에 대한 융통성이 있어 잘못된 공정을 수정할 기회가 있다. • 발효 내구성이 강하다. • 노화가 지연되어 제품의 저장성이 좋다. • 부피가 크고 속결이 부드럽다.	• 발효손실이 증가한다. • 시설, 노동력, 장소 등 경비가 증가한다.

| 핵심 포인트 | 스펀지 반죽에 밀가루를 증가시킬 경우

- 스펀지 발효시간은 길어지고 본반죽의 발효시간은 짧아진다.
- 본반죽의 반죽시간이 짧아지고 플로어 타임도 짧아진다.
- 반죽의 신장성이 좋아져 성형공정이 개선된다.
- 부피 증대, 얇은 결, 부드러운 조직으로 풍비가 증가한다.

❸ 액체 발효법

이스트, 이스트 푸드, 물, 설탕, 분유 등을 섞어 2~3시간 발효시킨 액종을 만들어 사용하는 스펀지 도우법의 변형이다.

(1) 제조공정

① 재료계량 : 배합표대로 정확히 계량한다.

[액종]

재료	비율(100%)
물	30
이스트	2~3
이스트 푸드	0.1~0.3
탈지분유	0~4

[본반죽]

재료	비율(100%)
액종	35
밀가루	100
물	25~35
설탕	2~5
소금	1.5~2.5
유지	3~6

② 액종 만들기
- 액종용 재료를 한데 넣고 섞는다.
- 30℃
- 발효시간 : 2~3시간

③ 본반죽 만들기
- 믹서에 액종과 본반죽용 재료를 넣고 반죽한다.
- 반죽온도 : 28~32℃

④ 플로어 타임 : 발효시간 –15분

⑤ 분할 : 재료를 정확히 나눈다.

⑥ 둥글리기 : 발효 중 생긴 기포를 제거하며 반죽 표면을 매끄럽게 둥글린다.

⑦ 중간 발효 : 상태로 판단한다.

⑧ 정형 : 반죽을 틀에 넣거나 밀대로 편 뒤 접는다.

⑨ 패닝 : 팬에 정형한 반죽을 놓는다.

⑩ 2차 발효

- 온도 : 35~43℃
- 상대습도 : 85~95%

⑪ 굽기 : 반죽의 크기, 배합재료, 제품종류에 따라 오븐의 온도를 조절하여 굽는다.

⑫ 냉각 : 구워낸 빵을 35~40℃로 식힌다.

(2) 장 · 단점

장점	단점
• 한 번에 많은 양을 발효시킬 수 있다. • 펌프와 탱크설비가 이루어져 있어 공간 · 설비가 감소된다. • 발효손실에 따른 생산 손실을 줄일 수 있다. • 균일한 제품 생산이 가능하다.	• 산화제 사용량이 늘어난다. • 환원제, 연화제가 필요하다.

4 연속식 제빵법

액종 발효법이 더 발달된 방법으로 공정이 자동으로 진행되며 기계적인 설비를 사용하여 적은 인원으로 많은 빵을 만들 수 있는 방법이다.

(1) 제조공정

① 재료 계량 : 배합표대로 정확히 계량한다.

② 액체발효기 : 액종용 재료를 넣고 섞어 30℃로 조절한다.

③ 열교환기 : 발효된 액종을 통과시켜 온도를 30℃로 조절 후 예비 혼합기로 보낸다.

④ 산화제 용액기 : 브롬산칼륨, 인산칼륨, 이스트 푸드 등 산화제를 녹여 예비 혼합기로 보낸다.

⑤ 쇼트닝 온도 조절기 : 쇼트닝 플레이크를 녹여 예비 혼합기로 보낸다.

⑥ 밀가루 급송장치 : 액종에 사용하고 남은 밀가루를 예비 혼합기로 보낸다.

⑦ 예비 혼합기 : 각종 재료들을 고루 섞는다.

⑧ 반죽기

⑨ 분할기

⑩ 패닝

⑪ 2차 발효

⑫ 굽기 : 반죽의 크기, 배합재료, 제품종류에 따라 오븐의 온도를 조절하여 굽는다.

⑬ 냉각 : 구워낸 빵을 35~40℃로 식힌다.

(2) 장 · 단점

장점	단점
• 설비감소, 설비공간 · 설비면적이 감소된다. • 노동력을 1/3로 감소할 수 있다.	• 발효손실이 감소한다. • 일시적 기계 구입 부담이 크다.

❺ 재반죽법(Remixed straight method)

스트레이트법의 변형으로 모든 재료를 넣고 물을 8% 정도 남겨 두었다가 발효 후 나머지 물을 넣고 반죽하는 방법이다.

⑴ 제조공정

① 믹싱
- 시간 : 2~3분
- 온도 : 25~36℃

② 1차 발효
- 시간 : 2~2.5시간
- 온도 : 26~27℃

③ 재반죽
- 시간 : 10~12분
- 온도 : 28~29℃

④ 플로어 타임 : 12~16분

⑤ 2차 발효 : 온도 -36~38℃

⑥ 굽기

⑵ 기본 배합표(액종)

재료	비율(100%)	재료	비율(100%)
밀가루	100	설탕	4
물	58	쇼트닝	2
이스트	2.2	탈지분유	4
이스트 푸드	2.5	재반죽용 물	4
소금	0.5		

| 핵심 포인트 | 재반죽법(Remixed straight)의 장점
- 기계 내성 양호
- 균일한 제품 생산
- 스펀지 도우법에 비해 공정시간 단축
- 식감과 색상 양호

❻ 노타임 반죽(No time dough)

발효에 의한 글루텐의 숙성을 산화제의 사용으로 대신함으로써 발효시간을 단축시켜 제조하는 방법이다.

(1) 산화제 · 환원제

산화제	환원제
• 브롬산칼륨($KBrO_3$) : 지효성 작용 • 요오드산칼슘(KIO_3) : 속효성 작용	• 프로티아제 : 단백질을 분해하는 효소 • L−시스테인 : S−S 결합을 절단

(2) 장 · 단점

장점	단점
• 반죽의 기계 내성이 양호하다. • 반죽이 부드러우며 흡수율이 좋다. • 제조시간이 절약된다. • 빵의 속결이 치밀하고 고르다.	• 제품의 질이 고르지 않다. • 맛과 향이 좋지 않다. • 반죽의 발효내성이 떨어진다. • 제품에 광택이 없다.

❼ 비상 스트레이트법(속성법)

갑작스런 주문에 빠르게 대처할 때 스트레이트법의 공정 중 발효를 촉진시켜 전체 공정시간을 약 1시간 정도 단축하는 방법이다.

필수조치		선택조치
물 사용량	1% 감소	• 소금을 1.75%로 감축하여 이스트 발효에 도움을 준다. • 분유는 완충작용에 의해 발효를 늦게 하므로 감소시킨다. • 식초를 0.25~0.75% 사용하여 pH를 낮추어 발효를 증대시킨다. • 이스트 푸드 사용량을 0.5~0.75%까지 증가시킨다.
설탕 사용량	1% 감소	
반죽시간	20~30% 증가	
이스트	2배 증가	
반죽온도	30℃	
이스트 푸드	증가	
1차 발효시간	15분~30분	

(1) 재료사용 비교(일반 식빵)

재료	스트레이트법 (100%)	비상 스트레이트법 (100%)	재료	스트레이트법 (100%)	비상 스트레이트법 (100%)
강력분	100	100	소금	3	3
물	63	*62	탈지분유	2	2
이스트	2	*4	반죽온도	27	*32
제빵 개량제	1	1	반죽시간	15분	*18분
설탕	5	*4	1차 발효시간	80분	*15분 이상
탈지분유	4	4			

(2) 장·단점

장점	단점
• 제조시간이 짧아 노동력과 임금이 절약된다. • 비상 시 빠르게 대처가 가능하다.	• 발효시간이 짧기 때문에 쉽게 노화가 일어난다. • 제품의 부피가 고르지 못하다. • 제품에 이스트가 많아 이스트 냄새가 난다.

8 초고속 배합법(트위드법, 찰리우드법 : Chorleywood dough method)

① 영국의 찰리우드 지방에서 고안한 기계 반죽법이다.

② 초고속 반죽기를 이용하여 반죽함으로써 화학적 발효에 따른 숙성을 대신한다.

③ 소속 배합(250~360rpm)으로 반죽을 숙성시킴으로써 플로어 타임 후 분할한다.

④ 공정시간은 줄어드나 제품의 풍미가 떨어진다.

9 냉동 반죽법(Frozen dough method)

1차 발효를 끝낸 반죽을 이스트가 살 수 있는 −18~25℃에 냉동시켰다가 해동하여 성형해서 반죽하는 방법이다. 보통 반죽보다 이스트를 2배 가량 더 넣는다.

(1) 제조공정

① 반죽(스트레이트법) : 반죽온도 20℃, 수분 63 → 58%

② 1차 발효 : 노타임 반죽법이나 스트레이트법에 따라 발효시간, 온도를 정한다.

③ 정형

④ 해동

⑤ 2차 발효

⑥ 굽기

(2) 장·단점

장점	단점
• 발효시간이 줄어 전체 제조시간이 짧아진다. • 빵의 부피가 커지고 결이 고와지며 향기가 좋다. • 제품의 노화가 지연된다. • 다품종, 소량 생산이 가능하며 운송, 배달이 용이하다.	• 이스트가 죽어 가스 발생력이 떨어진다. • 반죽이 퍼지기 쉽다.

10 오버 나이트 스펀지법(Overnight sponge method)

① 밤새(12~24시간) 발효시킨 스펀지를 이용하는 방법이다.

② 밤새 발효하여 효소의 작용이 천천히 진행되어 발효손실이 최고 크다.

③ 적은 이스트로 매우 천천히 발효시킨다.

④ 강한 신장성과 풍부한 발효향을 지니고 있다.

| 핵심 포인트 | 반죽의 성질
• 흐름성 : 반죽이 팬 또는 용기의 모양이 되도록 흘러 모서리까지 차게 하는 성질
• 가소성 : 반죽이 성형과정에서 형성되는 모양을 유지시키려는 성질
• 탄력성 : 성형단계에서 본래의 모습으로 되돌아가려는 성질
• 점탄성 : 점성과 탄력성을 동시에 가지고 있는 것

빵 도넛

시험시간 3시간
반죽정도 80%
성형방법 소시지 → 8자, 꽈배기
굽는온도 185℃ 튀김
굽는시간 1분 전후

빵 도넛을 제조하여 제출하시오.

① 배합표의 각 재료를 계량하여 재료별로 진열하시오(12분).
   - 재료계량(재료당 1분) → [감독위원 계량확인] → 작품제조 및 정리정돈(전체시험시간－재료계량시간)
   - 재료계량시간 내에 계량을 완료하지 못하여 시간이 초과된 경우 및 계량을 잘못한 경우는 추가의 시간부여 없이 작품제조 및 정리정돈시간을 활용하여 요구사항의 무게대로 계량
   - 달걀의 계량은 감독위원이 지정하는 개수로 계량

② 반죽을 스트레이트법으로 제조하시오. (단, 유지는 클린업 단계에서 첨가하시오.)

③ 반죽온도는 27℃를 표준으로 하시오.

④ 분할무게는 46g씩으로 하시오.

⑤ 모양은 8자형 22개와 트위스트형(꽈배기형) 22개로 만드시오. (남은 반죽은 감독위원의 지시에 따라 별도로 제출하시오.)

① 2차 발효가 지나치지 않게 주의한다. 튀길 때 늘어진다.

② 뜨거울 때 계피 설탕을 바르지 않는다.

비율(%)	재료명	무게(g)
80	강력분	880
20	박력분	220
10	설탕	110
12	쇼트닝	132
1.5	소금	16.5(16)
3	탈지분유	33(32)
5	이스트	55(56)
1	제빵 개량제	11(10)
0.2	바닐라향	2.2(2)
15	달걀	165(164)
46	물	506
0.2	넛메그	2.2(2)
194	계	2,132.9(2,130)

· 제품평가 ·

부피 분할무게에 대한 부피가 알맞고 균일한 부피가 되어야 한다.

외부 균형 찌그러짐, 터짐이 없이 균형이 잘 잡혀야 한다.

껍질 위, 아랫면의 색상이 먹음직스럽고 터지거나 타지 않은 상태가 되어야 한다.

내상 기공과 조직이 부위별로 고르고 밝은 색상을 지니며, 흡유 상태가 적당해야 한다.

맛과 향 씹는 촉감이 부드러우면서 느끼한 기름 맛이 나지 않고 빵 도넛 특유의 향이 조화를 이루어야 한다.

· 만드는법 ·

1 반죽하기

❶ 이스트를 물에 풀어준다.

❹ 반죽온도 : 27℃

❷ 유지를 제외한 전재료를 믹싱한다.

❸ 클린업 단계에서 유지를 넣고 중속에서 7~8분 정도 발전 단계(80%)까지 믹싱한다.

2 1차 발효하기

❶ 온도 : 27℃

❷ 상대습도 : 75~80%

❸ 발효시간 : 60~70분

3 분할하기

46g씩 45개로 분할한다.

4 둥글리기 · 중간 발효

겨울에는 발효실에서, 여름에는 실온발효로 10~15분 발효한다.

5 성형하기

소시지형

❶ 8자 모양 : 28cm

❷ 꽈배기 모양 : 30cm(이음매가 떨어지지 않게 양끝을 비틀어 꼬아준다)

〈8자형〉　〈꽈배기형〉

6 패닝하기

한 팬에 12개 패닝한다.

7 2차 발효하기

❶ 온도 : 38℃

❷ 상대습도 : 80~85%

❸ 발효시간 : 30~40분

8 튀기기

180~185℃에서 1분~1분 30초 튀긴다.

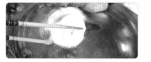

9 계피 설탕 묻히기

계피 : 설탕 = 1 : 9

소시지빵

시험시간 3시간 30분
반죽정도 100%
성형방법 낙엽모양, 꽃잎모양
굽는온도 200℃/150℃
굽는시간 15~20분

요구사항

소시지빵을 제조하여 제출하시오.

① 반죽재료를 계량하여 재료별로 진열하시오(10분).
(토핑 및 충전물 재료의 계량은 휴지시간을 활용하시오)
② 반죽은 스트레이트법으로 제조하시오.
③ 반죽온도는 27℃를 표준으로 하시오.
④ 반죽 분할무게는 70g씩 분할하시오.
⑤ 완제품(토핑 및 충전물 완성)은 12개 제조하여 제출하고 남은 반죽은
감독위원이 지정하는 장소에 따로 제출하시오.
⑥ 충전물은 발효시간을 활용하여 제조하시오.
⑦ 정형 모양은 낙엽모양 6개와 꽃잎모양 6개씩 2가지로 만들어서 제
출하시오.

Tip

① 소시지를 자를 때 완전히 잘라야 모양을 낼
때 예쁘게 나온다.
② 토핑이 바닥에 흐르지 않도록 조심스럽게
올리며 케찹은 될 수 있으면 얇게 짜준다.
③ 양파와 마요네즈 일부를 버무려 올리면 양
파가 흐트러지는 것을 방지할 수 있다.

반죽			토핑 및 충전물(계량시간에서 제외)		
비율(%)	재료명	무게(g)	비율(%)	재료명	무게(g)
80	강력분	560	100	프랑크 소시지	480
20	중력분	140	72	양파	336
4	생이스트	28	34	마요네즈	158
1	제빵 개량제	6	22	피자 치즈	102
2	소금	14	24	케찹	112
11	설탕	76	252	계	1,188
9	마가린	62			
5	탈지분유	34			
5	달걀	34			
52	물	364			
189	계	1,318			

· 제품평가 ·

부피 분할무게에 대한 껍질의 두께가 알맞고 일정해야 한다.
외부 균형 껍질과 충전물의 균형이 맞고 전후, 좌우가 대칭이 되어야 한다.
반죽과 충전물 빵반죽 밑면과 옆면이 밝은 갈색을 띠며, 충전물과 치즈의 색상이 먹음직스럽게 되어야 한다.
맛과 향 껍질과 충전물을 씹는 촉감이 양호하고 향이 조화를 이루는 소시지빵이 되어야 한다.

· 만드는법 ·

1 반죽하기

❶ 유지를 제외한 전재료를 믹싱한 후, 클린업 단계에서 유지를 넣고 중속에서 9~10분 정도 하여 최종 단계(100%)까지 믹싱한다.

2 반죽온도 27℃

2 1차 발효하기

❶ 온도 : 27℃
❷ 상대습도 : 75~80%
❸ 발효시간 : 60~70분

3 분할하기

70g씩 분할한다.

4 둥글리기 · 중간 발효

겨울에는 발효실에서, 여름에는 실온발효로 10~15분 발효한다.

5 성형하기

❶ 가볍게 눌러 소시지를 넣는다.

❷ 가위로 비스듬히 7~8등분하여 꽃잎모양, 낙엽모양을 만든다.

6 패닝하기

한 팬에 6개씩 패닝한다.

7 2차 발효하기

❶ 온도 : 38℃
❷ 상대습도 : 80~85%
❸ 발효시간 : 30~40분

8 토핑 올리기

다진 양파와 피자 치즈를 마요네즈와 버무린 뒤 케찹을 짜준다.

9 굽기

190~200℃/150℃에서 15~20분 굽는다.

식빵(비상 스트레이트법)

시험시간 2시간 40분
반죽정도 110%
성형방법 산형
굽는온도 180℃/190℃
굽는시간 35~40분

식빵(비상 스트레이트법)을 제조하여 제출하시오.

① 배합표의 각 재료를 계량하여 재료별로 진열하시오(8분).
- 재료계량(재료당 1분) → [감독위원 계량확인] → 작품제조 및 정리정돈(전체시험 시간−재료계량시간)
- 재료계량시간 내에 계량을 완료하지 못하여 시간이 초과된 경우 및 계량을 잘못한 경우는 추가의 시간부여 없이 작품제조 및 정리정돈시간을 활용하여 요구사항의 무게대로 계량
- 달걀의 계량은 감독위원이 지정하는 개수로 계량

② 비상 스트레이트법 공정에 의해 제조하시오(반죽온도는 30℃로 한다).

③ 표준 분할무게는 170g으로 하고, 제시된 팬의 용량을 감안하여 결정하시오. (단, 분할무게×3을 1개의 식빵으로 함)

④ 반죽은 전량을 사용하여 성형하시오.

Tip

비상 스트레이트법의 필수 조치 사항

배합표		공정	
설탕	1% 감소	반죽시간	25% 증가
물	1% 감소	1차 발효 시간	15~30분
이스트	2배 증가	반죽온도	30℃

비율(%)	재료명	무게(g)
100	강력분	1,200
63	물	756
5	이스트	60
2	제빵 개량제	24
5	설탕	60
4	쇼트닝	48
3	탈지분유	36
1.8	소금	21.6(22)
183.8	계	2,205.6(2,206)

· 배 합 표 · (표 제목)

· 제품평가 ·

부피 분할무게에 대하여 부피가 알맞고 균일한 부피가 되어야 한다.

외부 균형 찌그러짐이 없이 균일한 모양을 지니고 균형이 잘 잡혀야 한다.

껍질 껍질이 부드러우면서 부위별로 고른 색깔이 나며 반점과 줄무늬가 없고 먹음직스러워야 한다.

내상 기공과 조직이 부위별로 고르며 부드러운 상태로 되어야 한다.

맛과 향 씹는 촉감이 거칠거나 끈적거리지 않고 온화한 발효향이 나야 한다.

· 만드는법 ·

❶ 반죽하기

❶ 이스트를 물에 풀어준다.

❷ 유지를 제외한 전재료를 믹싱한다.

❸ 클린업 단계에서 유지를 넣고 중속에서 10~12분 정도 하여 최종 단계 후기(110%)까지 믹싱한다.

❹ 반죽온도 : 30℃

❷ 1차 발효하기

❶ 온도 : 30℃

❷ 상대습도 : 75~80%

❸ 발효시간 : 15~30분

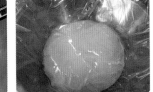

❸ 분할하기

170g×3씩 4개

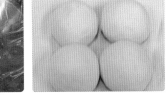

❹ 둥글리기 · 중간 발효

겨울에는 발효실에서, 여름에는 실온발효로 10~15분 발효한다.

❺ 성형하기

❶ 산형으로 성형한다.

❷ 성형 후 밑면을 눌러 들뜨지 않게 한다.

❻ 2차 발효하기

❶ 온도 : 38℃

❷ 상대습도 : 80~85%

❸ 발효시간 : 30~40분

❹ 팬 높이보다 0.5cm 위로 발효한다.

❼ 굽기

180℃/185~190℃에서 35~40분 굽는다(중간에 색이 나면 종이를 덮어주되, 15분 이전에는 오븐 문을 열지 않는다. 오븐 스프링이 적게 되어 완제품이 작게 나올 수 있다).

단팥빵(비상 스트레이트법)

시험시간 3시간
반죽정도 110%
성형방법 앙금싸기
굽는온도 200℃/160℃
굽는시간 15~18분

요구사항

단팥빵(비상 스트레이트법)을 제조하여 제출하시오.

① 배합표의 각 재료를 계량하여 재료별로 진열하시오(9분).
  - 재료계량(재료당 1분) → [감독위원 계량확인] → 작품제조 및 정리정돈(전체시험시간-재료계량시간)
  - 재료계량시간 내에 계량을 완료하지 못하여 시간이 초과된 경우 및 계량을 잘못한 경우는 추가의 시간부여 없이 작품제조 및 정리정돈시간을 활용하여 요구사항의 무게대로 계량
  - 달걀의 계량은 감독위원이 지정하는 개수로 계량
② 반죽은 비상 스트레이트법으로 제조하시오. (단, 유지는 클린업 단계에 첨가하고, 반죽온도는 30℃로 한다.)
③ 반죽 1개의 분할무게는 50g, 팥앙금 무게는 40g으로 제조하시오.
④ 반죽은 24개를 성형하여 제조하고, 남은 반죽은 감독위원의 지시에 따라 별도로 제출하시오.

Tip

팥앙금이 반죽 겉으로 나오지 않게 하며, 중앙에 오도록 싸준다.

비상 스트레이트법의 필수 조치 사항

배합표		공정	
설탕	1% 감소	반죽시간	25% 증가
물	1% 감소	1차 발효 시간	15~30분
이스트	2배 증가	반죽온도	30℃

반죽			충전용 재료(계량시간에서 제외)		
비율(%)	재료명	무게(g)	비율(%)	재료명	무게(g)
100	강력분	900	-	통팥 앙금	1,440
48	물	432			
7	이스트	63(64)			
1	제빵 개량제	9(8)			
2	소금	18			
16	설탕	144			
12	마가린	108			
3	탈지분유	27(28)			
15	달걀	135(136)			
204	계	1,836(1,838)			

제품평가

부피 분할무게에 대하여 부피가 알맞고 일정해야 한다.

외부 균형 찌그러짐이 없이 균일한 모양을 가져야 한다.

껍질 껍질이 너무 두껍지 않으며, 부위별로 고른 색깔이 나며 반점과 줄무늬가 없으면서 먹음직스러워야 한다.

내상 팥소가 제품 중앙에 위치하고 밑바닥으로 비치지 않아야 한다.

맛과 향 씹는 촉감이 끈적거리지 않아야 하고, 팥앙금과 빵의 풍미가 조화를 이루어야 한다.

만드는법

1 반죽하기

❶ 이스트를 물에 풀어준다.

❷ 유지를 제외한 전재료를 믹싱한다.
❸ 클린업 단계에서 유지를 넣고 중속에서 10~12분 정도 믹싱하여 최종 단계 후기(110%)까지 믹싱한다.

❹ 반죽온도 : 30℃

2 1차 발효하기

❶ 온도 : 30℃
❷ 상대습도 : 75~80%
❸ 발효시간 : 15~30분

3 분할하기

50g씩 분할한다.

4 둥글리기 · 중간 발효

겨울에는 발효실에서, 여름에는 실온발효로 10~15분 발효한다.

5 성형하기

헤라를 이용하여 반죽 속에 앙금을 포앙한 뒤, 달걀이나 정형기를 이용하여 눌러 성형한다.

6 패닝하기

한 팬에 12개씩 패닝한다.

7 2차 발효하기

❶ 온도 : 38℃
❷ 상대습도 : 80~85%
❸ 발효시간 : 30~40분

8 달걀 물 칠하기

❶ 달걀 1개 + 물 50㎖
❷ 붓을 짧게 잡고 고루 발라준다.

9 굽기

190~200℃/160℃에서 15~18분 굽는다.

그리시니

시험시간 2시간 30분
반죽정도 80%
성형방법 35~40cm 밀어펴기
굽는온도 185℃/160℃
굽는시간 15~20분

그리시니를 제조하여 제출하시오.

① 배합표의 각 재료를 계량하여 재료별로 진열하시오(8분).
- 재료계량(재료당 1분) → [감독위원 계량확인] → 작품제조 및 정리정돈(전체시험시간-재료계량시간)
- 재료계량시간 내에 계량을 완료하지 못하여 시간이 초과된 경우 및 계량을 잘못한 경우는 추가의 시간부여 없이 작품제조 및 정리정돈시간을 활용하여 요구사항의 무게대로 계량
- 달걀의 계량은 감독위원이 지정하는 개수로 계량

② 전 재료를 동시에 투입하여 믹싱하시오(스트레이트법).

③ 반죽온도는 27℃를 표준으로 하시오.

④ 분할무게는 30g, 길이는 35~40cm로 성형하시오.

⑤ 반죽은 전량을 사용하여 성형하시오.

① 균일하게 밀어펴며, 덧가루를 많이 사용하면 밀리지 않으므로 주의한다.

② 성형 시 한 번에 하는 것보다 조금씩 여러 번 나누어 밀어준다(그래야 수축이 작다).

비율(%)	재료명	무게(g)
100	강력분	700
1	설탕	7(6)
0.14	건조 로즈마리	1(2)
2	소금	14
3	이스트	21(22)
12	버터	84
2	올리브유	14
62	물	434
182.14	계	1,275(1,276)

• 배합표 •

• 제품평가 •

부피 분할무게에 대하여 부피가 알맞고 일정해야 한다.

외부 균형 찌그러짐이 없이 균일한 모양을 가져야 한다.

껍질 껍질이 얇고 색상이 일정해야 한다.

내상 기공과 조직이 부위별로 고르며, 부드러운 상태로 되어 있어야 한다.

맛과 향 로즈마리와 어우러진 그리시니의 맛과 향이 최적이어야 한다.

• 만드는법 •

1 반죽하기

❶ 이스트를 물에 풀어준다.

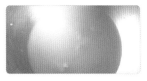

❷ 전재료를 동시에 투입하여 발전 단계까지 믹싱한다(80%).

❸ 반죽온도 : 27℃

2 1차 발효하기

❶ 온도 : 27℃
❷ 상대습도 : 75~80%
❸ 발효시간 : 30분

3 분할하기

30g씩 41개로 분할한다.

4 둥글리기 · 중간 발효

겨울에는 발효실에서, 여름에는 실온발효로 10~15분 발효한다.

5 성형 · 패닝하기

❶ 소시지형으로 만든 반죽을 35~40cm로 밀어편다.
❷ 한 팬에 10~12개 패닝한다(여러 번 나누어 밀어야 수축이 적다).

6 2차 발효하기

❶ 온도 : 38℃
❷ 상대습도 : 80~85%
❸ 발효시간 : 15~20분

7 굽기

185~190℃/160℃에서 15~20분 굽는다.

밤 식빵

시험시간 3시간 40분
반죽정도 100%
성형방법 원로프형
굽는온도 180℃/190℃
굽는시간 35~40분

요구사항

밤 식빵을 제조하여 제출하시오.

① 반죽재료를 계량하여 재료별로 진열하시오(10분).
   - 재료계량(재료당 1분) → [감독위원 계량확인] → 작품제조 및 정리정돈(전체시험시간−재료계량시간)
   - 재료계량시간 내에 계량을 완료하지 못하여 시간이 초과된 경우 및 계량을 잘못한 경우는 추가의 시간부여 없이 작품제조 및 정리정돈시간을 활용하여 요구사항의 무게대로 계량
   - 달걀의 계량은 감독위원이 지정하는 개수로 계량
② 반죽은 스트레이트법으로 제조하시오.
③ 반죽온도는 27℃를 표준으로 하시오.
④ 분할무게는 450g으로 하고, 성형 시 450g의 반죽에 80g의 통조림밤을 넣고 정형하시오(한 덩이 : one loaf).
⑤ 토핑물을 제조하여 굽기 전에 토핑하고 아몬드를 뿌리시오.
⑥ 반죽은 전량을 사용하여 성형하시오.

Tip

① 당절임 밤일 경우 물기를 제거해야 성형 시 용이하다.
② 옆 색이 제대로 나지 않으면, 옆면이 찌그러지기 쉽다.
③ 구울 때 중간에 색이 나면 종이를 덮어 주되, 15분 이전에는 오븐 문을 열지 않는다. 오븐 스프링이 적게 되어 완제품이 작게 나올 수 있다.

비율(%)	재료명	무게(g)	비율(%)	재료명	무게(g)
	| 반죽 |			**| 토핑(충전용 · 토핑 재료는 계량시간에서 제외) |**	
80	강력분	960	100	마가린	100
20	중력분	240	60	설탕	60
52	물	624	2	베이킹 파우더	2
4.5	이스트	54	60	달걀	60
1	제빵 개량제	12	100	중력분	100
2	소금	24	50	아몬드 슬라이스	50
12	설탕	144	372	계	372
8	버터	96	35	밤다이스 (시럽 제외)	420
3	탈지분유	36			
10	달걀	120			
192.5	계	2,310			

제품평가

부피 분할무게에 대하여 부피가 알맞고 균일한 부피가 되어야 한다.

외부 균형 찌그러짐이 없이 균일한 모양을 가져야 한다.

껍질 토핑한 반죽껍질에 작은 균열이 일정하고, 윗면과 아랫면 양쪽의 색깔이 알맞아야 한다.

내상 내부 기공과 조직이 부위별로 고르며, 부드러워야 한다.

맛과 향 밤 식빵 특유의 부드러운 식감과 향이 나야 한다.

만드는법

1 반죽하기

❶ 이스트를 물에 풀어준다.

❷ 밤과 유지를 제외한 전재료를 믹싱한다.

❸ 클린업 단계에서 유지를 넣고 중속에서 8~10분 정도 하여 최종 단계(100%)까지 믹싱한다.

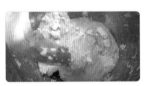

❹ 반죽온도 : 27℃

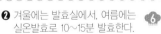

2 1차 발효하기

❶ 온도 : 27℃

❷ 상대습도 : 75~80%

❸ 발효시간 : 60~70분

3 토핑 제조하기(크림법)

❶ 마가린을 부드럽게 하고 설탕을 넣어 크림화한다.

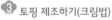

❷ 달걀을 넣으며 크림화한다.

❸ 체질한 가루(중력분, 베이킹 파우더)를 넣고 가볍게 섞어준다.

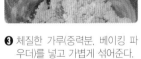

4 분할하기 · 둥글리기 · 중간발효

❶ 450g씩 5개로 분할한다.

❷ 겨울에는 발효실에서, 여름에는 실온발효로 10~15분 발효한다.

5 성형하기

원로프형으로 밤을 80g 정도 충전하여 말아준다.

6 2차 발효하기

❶ 온도 : 38℃

❷ 상대습도 : 80~85%

❸ 발효시간 : 30~40분

❹ 팬 높이까지 발효한다.

7 토핑짜기

❶ 양발 납작 깍지를 이용하여 3줄 짠다.

❷ 아몬드 슬라이스를 뿌려 준다.

8 굽기

180℃/185~190℃에서 35~40분 굽는다.

베이글

시험시간 3시간 30분
반죽정도 80%
성형방법 소시지형 → 원형
굽는온도 200℃/170℃
굽는시간 25~30분

요구사항

베이글을 제조하여 제출하시오.

① 배합표의 각 재료를 계량하여 재료별로 진열하시오(7분).
- 재료계량(재료당 1분) → [감독위원 계량확인] → 작품제조 및 정리정돈(전체시험시간−재료계량시간)
- 재료계량시간 내에 계량을 완료하지 못하여 시간이 초과된 경우 및 계량을 잘못한 경우는 추가의 시간부여 없이 작품제조 및 정리정돈시간을 활용하여 요구사항의 무게대로 계량
- 달걀의 계량은 감독위원이 지정하는 개수로 계량

② 반죽은 스트레이트법으로 제조하시오.

③ 반죽온도는 27℃를 표준으로 하시오.

④ 1개당 분할중량은 80g으로 하고 링모양으로 정형하시오.

⑤ 반죽은 전량을 사용하여 성형하시오.

⑥ 2차 발효 후 끓는 물에 데쳐 패닝하시오.

⑦ 팬 2개에 완제품 16개를 구워 제출하고 남은 반죽은 감독위원의 지시에 따라 별도로 제출하시오.

Tip

① 정형 시 이음매 부분을 매끄럽게 한다.
② 2차 발효가 오버되거나 데치는 시간이 길어지면 반죽 표면이 쭈글거리므로 주의한다.

비율(%)	재료명	무게(g)
100	강력분	800
55~60	물	440~480
3	이스트	24
1	제빵 개량제	8
2	소금	16
2	설탕	16
3	식용유	24
166~171	계	1,328~1,368

· 제품평가 ·

부피 분할무게에 대하여 부피가 알맞고 일정해야 한다.

외부 균형 찌그러짐이 없이 균일한 모양을 지니고 균형이 잘 잡혀야 한다.

껍질 밝고 고운 색상이 되어야 한다.

내상 기공과 조직이 부위별로 고르게 되어야 한다.

맛과 향 껍질과 내부의 맛이 베이글 특유의 구수한 맛을 가지며, 발효향이 온화해야 한다.

· 만드는법 ·

① 반죽하기

❶ 이스트를 물에 풀어준 뒤 모든 재료를 넣고 중속에서 7~8분 정도 반죽한다(발전 단계).

❷ 반죽온도 : 27℃

② 1차 발효하기

❶ 온도 : 27℃
❷ 상대습도 : 75~80%
❸ 발효시간 : 60~70분

③ 분할하기

80g씩 17개로 분할한다.

④ 둥글리기 · 중간 발효

겨울에는 발효실에서, 여름에는 실온발효로 10~15분 발효한다.

⑤ 성형하기

❶ 접어서 밀어편다.

❷ 반죽 한쪽 끝을 벌린 후 다른쪽 끝을 감싸 이음매를 봉하여 링 모양으로 만든다.

⑥ 패닝하기

한 팬에 8개씩 패닝한다.

⑦ 2차 발효하기

❶ 온도 : 35℃
❷ 상대습도 : 70~75%
❸ 발효시간 : 30~40분

⑧ 끓는 물에 데치기

한쪽 면이 5~10초 정도 되도록 양면을 모두 데친다.

⑨ 굽기

200℃/170℃에서 25~30분 굽는다.

스위트 롤

시험시간 3시간 30분
반죽정도 100%
성형방법 밀어펴기
굽는온도 190℃/150℃
굽는시간 15~18분

요구사항

스위트 롤을 제조하여 제출하시오.

① 배합표의 각 재료를 계량하여 재료별로 진열하시오(9분).
  • 재료계량(재료당 1분) → [감독위원 계량확인] → 작품제조 및 정리정돈(전체시험시간−재료계량시간)
  • 재료계량시간 내에 계량을 완료하지 못하여 시간이 초과된 경우 및 계량을 잘못한 경우는 추가의 시간부여 없이 작품제조 및 정리정돈시간을 활용하여 요구사항의 무게대로 계량
  • 달걀의 계량은 감독위원이 지정하는 개수로 계량

② 반죽은 스트레이트법으로 제조하시오. (단, 유지는 클린업 단계에 첨가하시오.)

③ 반죽온도는 27℃를 표준으로 사용하시오.

④ 야자잎형 12개, 트리플리프(세잎새형) 9개를 만드시오.

⑤ 계피 설탕은 각자가 제조하여 사용하시오.

⑥ 성형 후 남은 반죽은 감독위원의 지시에 따라 별도로 제출하시오.

Tip

성형 시 물 칠이 과도하거나 2차 발효온도가 너무 높으면 설탕이 흘러나올 수도 있다.

| 반죽 |

비율(%)	재료명	무게(g)
100	강력분	900
46	물	414
5	이스트	45(46)
1	제빵 개량제	9(10)
2	소금	18
20	설탕	180
20	쇼트닝	180
3	탈지분유	27(28)
15	달걀	135(136)
212	계	1,908(1,912)

| 충전용 재료(계량시간에서 제외) |

비율(%)	재료명	무게(g)
15	충전용 설탕	135(136)
1.5	충전용 계핏가루	13.5(14)

제품평가

부피 모양별로 분할무게에 대하여 부피가 알맞고 균일한 부피가 되어야 한다.

외부 균형 찌그러짐이 없이 균일한 모양을 가져야 한다.

껍질 껍질이 부드러우면서 부위별로 고른 색깔이 나며 반점과 줄무늬가 없고 먹음직스러워야 한다.

내상 기공과 조직이 부위별로 고르며 부드러운 상태로 되어 있어야 한다.

맛과 향 씹는 촉감이 거칠거나 끈적거리지 않고 온화한 발효향이 나야 한다.

만드는법

1 반죽하기

❶ 이스트를 물에 풀어준다.

❷ 유지를 제외한 전재료를 믹싱한다.

❸ 클린업 단계에서 유지를 나누어 넣고 중속에서 9~10분 정도 하여 최종 단계(100%)까지 믹싱한다.

❹ 반죽온도 : 27℃

2 1차 발효하기

❶ 온도 : 27℃

❷ 상대습도 : 75~80%

❸ 발효시간 : 60~70분

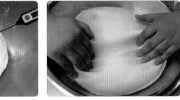

3 둥글리기 · 중간 발효

2덩어리로 나누어 겨울에는 발효실에서, 여름에는 실온발효로 10~15분 발효한다.

4 성형하기

❶ 직사각형으로 밀어편다 (30×50~55cm, 두께 0.5cm).

❷ 물이나 녹인 버터를 바르고 계피 설탕을 뿌린다. 마지막 붙이는 부분 2~3cm는 설탕을 뿌리지 않는다.

❸ 원통형으로 말아준다.

❹ 야자잎형(4cm), 트리플형(5cm), 2/3가 되는 지점을 자른 뒤 벌려준다.

〈야자잎형〉

〈트리플형〉

5 패닝하기

한 팬에 10~12개 패닝한다.

6 2차 발효하기

❶ 온도 : 38℃

❷ 상대습도 : 80~85%

❸ 발효시간 : 15~20분

7 달걀 물 칠하기

❶ 달걀 1개 + 물 50ml

❷ 붓을 짧게 잡고 고루 발라준다.

8 굽기

190℃/150℃에서 15~18분 굽는다.

우유 식빵

시험시간 3시간 40분
반죽정도 100%
성형방법 산형
굽는온도 180℃/190℃
굽는시간 35~40분

요구사항

우유 식빵을 제조하여 제출하시오.

① 배합표의 각 재료를 계량하여 재료별로 진열하시오(8분).

  • 재료계량(재료당 1분) → [감독위원 계량확인] → 작품제조 및 정리정돈(전체시험시간−재료계량시간)

  • 재료계량시간 내에 계량을 완료하지 못하여 시간이 초과된 경우 및 계량을 잘못한 경우는 추가의 시간부여 없이 작품제조 및 정리정돈시간을 활용하여 요구사항의 무게대로 계량

  • 달걀의 계량은 감독위원이 지정하는 개수로 계량

② 반죽은 스트레이트법으로 제조하시오. (단, 유지는 클린업 단계에 첨가하시오.)

③ 반죽온도는 27℃를 표준으로 하시오.

④ 표준 분할무게는 180g으로 하고, 제시된 팬의 용량을 감안하여 결정하시오. (단, 분할무게×3을 1개의 식빵으로 함)

⑤ 반죽은 전량을 사용하여 성형하시오.

Tip

① 유당은 이스트에 의해 분해되지 않아 굽기 중 색깔을 내는 데 쓰이므로 우유 식빵은 다른 식빵에 비해 색이 빨리 난다.

② 굽기 중 색이 진해지면 윗불을 줄이거나 종이를 덮어준다.

배 합 표

비율(%)	재료명	무게(g)
100	강력분	1,200
40	우유	480
29	물	348
4	이스트	48
1	제빵 개량제	12
2	소금	24
5	설탕	60
4	쇼트닝	48
185	계	2,220

제품평가

부피 분할무게에 대하여 부피가 알맞고 균일한 부피가 되어야 한다.

외부 균형 찌그러짐이 없이 균일한 모양을 지니고 균형이 잘 잡혀야 한다.

껍질 껍질이 부드러우면서 부위별로 고른 색깔이 나며 반점과 줄무늬가 없고 먹음직스러워야 한다.

내상 기공과 조직이 부위별로 고르며, 부드러운 상태로 되어 있어야 한다.

맛과 향 씹는 촉감이 부드러우면서 우유향과 발효향이 조화를 이루어야 한다.

만드는법

① 반죽하기

❶ 이스트를 우유에 풀어준다.

❷ 유지를 제외한 전재료를 믹싱한다.

❸ 클린업 단계에서 유지를 넣고 중속에서 8~10분 정도 하여 최종 단계(100%)까지 믹싱한다.

❹ 반죽온도 : 27℃

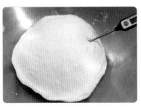

② 1차 발효하기

❶ 온도 : 27℃

❷ 상대습도 : 75~80%

❸ 발효시간 : 60~70분

③ 분할하기

180g×3씩 4개로 분할한다.

④ 둥글리기 · 중간 발효

겨울에는 발효실에서, 여름에는 실온 발효로 10~15분 발효한다.

⑤ 성형하기

산형으로 성형 후 밑면을 눌러 들뜨지 않게 한다.

⑥ 2차 발효하기

❶ 온도 : 38℃

❷ 상대습도 : 80~85%

❸ 발효시간 : 30~40분

❹ 팬 높이보다 1~1.5cm 위로 올라올 때까지 발효한다.

⑦ 굽기

180℃/185~190℃에서 35~40분 굽는다(중간에 색이 나면 종이를 덮어주되, 15분 이전에는 오븐문을 열지 않는다. 오븐 스프링이 적게 되어 완제품이 작게 나올 수 있다).

단과자빵(트위스트형)

시험시간 3시간 30분
반죽정도 100%
성형방법 소시지 → 8자, 달팽이, 이중 8자
굽는온도 200℃/150℃
굽는시간 12~15분

요구사항

단과자빵(트위스트형)을 제조하여 제출하시오.

① 배합표의 각 재료를 계량하여 재료별로 진열하시오(9분).

· 재료계량(재료당 1분) → [감독위원 계량확인] → 작품제조 및 정리정돈(전체시험
시간-재료계량시간)

· 재료계량시간 내에 계량을 완료하지 못하여 시간이 초과된 경우 및 계량을 잘못
한 경우는 추가의 시간부여 없이 작품제조 및 정리정돈시간을 활용하여 요구사항
의 무게대로 계량

· 달걀의 계량은 감독위원이 지정하는 개수로 계량

② 반죽은 스트레이트법으로 제조하시오. (단, 유지는 클린업 단계에
첨가하시오.)

③ 반죽온도는 27℃를 표준으로 하시오.

④ 반죽 분할무게는 50g이 되도록 하시오.

⑤ 모양은 8자형 12개, 달팽이형 12개로 2가지 모양으로 만드시오.

⑥ 완제품 24개를 성형하여 제출하고, 남은 반죽은 감독위원의 지시에
따라 별도로 제출하시오.

Tip

① 반죽이 계속 수축하므로 성형 시 충분히
늘려 준다.

② 꼰 모양이 풀리지 않게 한다.

비율(%)	재료명	무게(g)
100	강력분	900
47	물	422
4	이스트	36
1	제빵 개량제	8
2	소금	18
12	설탕	108
10	쇼트닝	90
3	분유	26
20	달걀	180
199	계	1,788

배합표

제품평가

부피 모양별로 분할무게에 대하여 부피가 알맞고 균일한 부피가 되어야 한다.

외부 균형 찌그러짐이 없이 균일한 모양을 가져야 한다.

껍질 껍질이 부드러우면서 부위별로 고른 색깔로 반점과 줄무늬가 없고 먹음직스러워야 한다.

내상 기공과 조직이 부위별로 고르며, 부드러운 상태로 되어 있어야 한다.

맛과 향 씹는 촉감이 거칠거나 끈적거리지 않고 온화한 발효향이 나야 한다.

만드는법

1 반죽하기

❶ 이스트를 물에 풀어준다.

❷ 유지를 제외한 전재료를 믹싱한다.

❸ 클린업 단계에서 유지를 넣고 중속에서 9~10분 정도 하여 최종 단계(100%)까지 믹싱한다.

❹ 반죽온도 : 27℃

2 1차 발효하기

❶ 온도 : 27℃

❷ 상대습도 : 75~80%

❸ 발효시간 : 60~70분

3 분할하기

50g씩 35개로 분할한다.

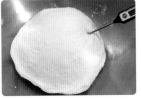

4 둥글리기 · 중간 발효

겨울에는 발효실에서, 여름에는 실온발효로 10~15분 발효한다.

❶ 8자형 : 25cm

❷ 더블 8자형 : 35~40cm

❸ 달팽이형 : 30cm

7 2차 발효하기

❶ 온도 : 38℃

❷ 상대습도 : 80~85%

❸ 발효시간 : 30~40분

9 굽기

190~200℃/150℃에서 12~15분 굽는다.

5 성형하기

6 패닝하기

한 팬에 12개 패닝한다.

8 달걀 물 칠하기

❶ 달걀 1개 + 물 50ml

❷ 붓을 짧게 잡고 고루 발라준다.

〈소시지형〉

단과자빵(크림빵)

시험시간 3시간 30분
반죽정도 100%
성형방법 타원형 밀기
굽는온도 200℃/150℃
굽는시간 15~18분

단과자빵(크림빵)을 제조하여 제출하시오.

① 배합표의 각 재료를 계량하여 재료별로 진열하시오(9분).
- 재료계량(재료당 1분) → [감독위원 계량확인] → 작품제조 및 정리정돈(전체시험시간−재료계량시간)
- 재료계량시간 내에 계량을 완료하지 못하여 시간이 초과된 경우 및 계량을 잘못한 경우는 추가의 시간부여 없이 작품제조 및 정리정돈시간을 활용하여 요구사항의 무게대로 계량
- 달걀의 계량은 감독위원이 지정하는 개수로 계량

② 반죽은 스트레이트법으로 제조하시오. (단, 유지는 클린업 단계에 첨가하시오.)

③ 반죽온도는 27℃를 표준으로 하시오.

④ 반죽 1개의 분할무게는 45g, 1개당 크림 사용량은 30g으로 제조하시오.

⑤ 제품 중 12개는 크림을 넣은 후 굽고, 12개는 반달형으로 크림을 충전하지 말고 제조하시오.

⑥ 남은 반죽은 감독위원의 지시에 따라 별도로 제출하시오.

① 타원형으로 길게 여러 번에 걸쳐 밀어 주어야 크림을 넣은 후 수축하지 않아 모양이 예쁘다.

② 커스터드 파우더 300g과 물 2.5배(750g)를 섞어서 크림을 제조하여 충전한다.

비율(%)	재료명	무게(g)
100	강력분	800
53	물	424
4	이스트	32
2	제빵 개량제	16
2	소금	16
16	설탕	128
12	쇼트닝	96
2	분유	16
10	달걀	80
201	계	1,608

| 충전용 재료(계량시간에서 제외) |

비율(%)	재료명	무게(g)
1개당 30g	커스터드 크림	360

제품평가

부피 분할무게에 대하여 부피가 알맞고 일정해야 한다.

외부 균형 찌그러짐이 없이 균일한 모양을 가져야 한다.

껍질 껍질이 부드러우면서 부위별로 고른 색깔로 반점과 줄무늬가 없고, 먹음직스러워야 한다.

내상 크림이 제품 중앙에 위치하고 밑바닥으로 새어 나오지 않으며, 반달형은 크림 충전이 알맞게 되어야 한다.

맛과 향 빵과 크림의 풍미가 조화를 이루어야 한다.

만드는법

① 반죽하기

❶ 이스트를 물에 풀어준다.

❷ 유지를 제외한 전재료를 믹싱한다.

❸ 클린업 단계에서 유지를 넣고 중속에서 9~10분 정도 하여 최종 단계(100%)까지 믹싱한다.

❹ 반죽온도 : 27℃

② 1차 발효하기

❶ 온도 : 27℃

❷ 상대습도 : 75~80%

❸ 발효시간 : 60~70분

❹ 발효가 되었는지 확인해 본다.

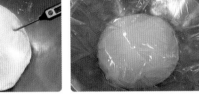

③ 분할하기

45g씩 35개로 분할한다.

④ 둥글리기 · 중간 발효

겨울에는 발효실에서, 여름에는 실온발효로 10~15분 발효한다.

⑤ 성형하기

타원형으로 길게 밀어편다.

❶ 충전형 : 크림을 30g 충전 후스크래퍼로 5군데 찍는다.

❷ 비충전형 : 기름을 발라주고 반으로 접는다.

⑥ 패닝하기

한 팬에 12개 패닝한다.

⑦ 2차 발효하기

❶ 온도 : 38℃

❷ 상대습도 : 80~85%

❸ 발효시간 : 30~40분

⑧ 달걀 물 칠하기

❶ 달걀 1개 + 물 50㎖

❷ 붓을 짧게 잡고 고루 발라준다.

⑨ 굽기

190~200℃/150℃에서 15~18분 굽는다.

풀먼 식빵

시험시간 3시간 40분
반죽정도 100%
성형방법 산형
굽는온도 180℃/190℃
굽는시간 35~40분

요구사항

풀먼 식빵을 제조하여 제출하시오.

① 배합표의 각 재료를 계량하여 재료별로 진열하시오(9분).
  • 재료계량(재료당 1분) → [감독위원 계량확인] → 작품제조 및 정리정돈(전체시험시간－재료계량시간)
  • 재료계량시간 내에 계량을 완료하지 못하여 시간이 초과된 경우 및 계량을 잘못한 경우는 추가의 시간부여 없이 작품제조 및 정리정돈시간을 활용하여 요구사항의 무게대로 계량
  • 달걀의 계량은 감독위원이 지정하는 개수로 계량

② 반죽은 스트레이트법으로 제조하시오. (단, 유지는 클린업 단계에 첨가하시오.)

③ 반죽온도는 27℃를 표준으로 하시오.

④ 표준 분할무게는 250g으로 하고, 제시된 팬의 용량을 감안하여 결정하시오. (단, 분할무게×2를 1개의 식빵으로 함)

⑤ 반죽은 전량을 사용하여 성형하시오.

Tip

① 2차 발효 시점을 적절히 맞추어야 과발효가 되어 틀보다 넘치거나 발효가 덜 되어 모서리가 둥글게 되는 것을 방지할 수 있다.

② 다른 식빵보다 10분 정도 더 구워야 주저앉지 않는다.

비율(%)	재료명	무게(g)
100	강력분	1,400
58	물	812
4	이스트	56
1	제빵 개량제	14
2	소금	28
6	설탕	84
4	쇼트닝	56
5	달걀	70
3	분유	42
183	계	2,562

· 제품평가 ·

부피 팬의 좌우, 상하 및 모서리까지 가득찬 상태로 되어야 한다.
외부 균형 찌그러짐이 없이 대칭모양을 지니고 균형이 잘 잡혀야 한다.
껍질 껍질이 부드러우면서 부위별로 고른 색깔이 나며 반점과 줄무늬가 없고 먹음직스러워야 한다.
내상 기공과 조직이 부위별로 고르며 얼룩이나 반점이 없이 부드러워야 한다.
맛과 향 씹는 촉감이 부드러우면서 끈적거리지 않고 발효향이 온화해야 한다.

· 만드는법 ·

① **반죽하기**
❶ 이스트를 물에 풀어준다.

❹ 반죽온도 : 27℃

② **1차 발효하기**
❶ 온도 : 27℃
❷ 상대습도 : 75~80%
❸ 발효시간 : 60~70분

③ **분할하기**
250g×2씩 5개로 분할한다.

❷ 유지를 제외한 전재료를 믹싱한다.
❸ 클린업 단계에서 유지를 넣고 중속에서 8~10분 정도 하여 최종 단계(100%)까지 믹싱한다.

④ **둥글리기 · 중간 발효**
겨울에는 발효실에서, 여름에는 실온발효로 10~15분 발효한다.

⑤ **성형하기**
산형 : 성형 후 밑면을 눌러 들뜨지 않게 한다.

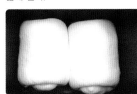

⑥ **2차 발효하기**
❶ 온도 : 38℃
❷ 상대습도 : 80~85%
❸ 발효시간 : 30~40분
❹ 팬 높이까지 발효한다.

⑦ **뚜껑 덮기**
뚜껑을 덮어 준다(5분 정도 실온에 둔다).

⑧ **굽기**
180℃/185~190℃에서 35~40분 굽는다. 꺼내기 전에 뚜껑을 열어서 옆 면의 색을 확인한다.

단과자빵(소보로빵)

시험시간 3시간 30분
반죽정도 100%
성형방법 소보로 찍기
굽는온도 200℃/150℃
굽는시간 15~18분

요구사항

소보로빵을 제조하여 제출하시오.

① 빵반죽 재료를 계량하여 재료별로 진열하시오(9분).
- 재료계량(재료당 1분) → [감독위원 계량확인] → 작품제조 및 정리정돈(전체시험시간−재료계량시간)
- 재료계량시간 내에 계량을 완료하지 못하여 시간이 초과된 경우 및 계량을 잘못한 경우는 추가의 시간부여 없이 작품제조 및 정리정돈시간을 활용하여 요구사항의 무게대로 계량
- 달걀의 계량은 감독위원이 지정하는 개수로 계량

② 반죽은 스트레이트법으로 제조하시오. (단, 유지는 클린업 단계에 첨가하시오.)

③ 반죽온도는 27℃를 표준으로 하시오.

④ 반죽 1개의 분할무게는 50g씩, 1개당 소보로 사용량은 약 30g 정도로 제조하시오.

⑤ 토핑용 소보로는 배합표에 따라 직접 제조하여 사용하시오.

⑥ 반죽은 24개를 성형하여 제조하고, 남은 반죽과 토핑용 소보로는 감독위원의 지시에 따라 별도로 제출하시오.

Tip

① 토핑 제조 시 크림화가 지나치면 소보로가 퍼진다.
② 토핑은 보슬보슬한 상태여야 하며, 많이 치대면 뭉쳐져서 구우면 심하게 갈라진다.

반죽			토핑용 소보로(계량시간에서 제외)		
비율(%)	재료명	무게(g)	비율(%)	재료명	무게(g)
100	강력분	900	100	중력분	300
47	물	423(422)	60	설탕	180
4	이스트	36	50	마가린	150
1	제빵 개량제	9(8)	15	땅콩버터	45(46)
2	소금	18	10	달걀	30
18	마가린	162	10	물엿	30
2	탈지분유	18	3	탈지분유	9(10)
15	달걀	135(136)	2	베이킹 파우더	6
16	설탕	144	1	소금	3
205	계	1,845(1,844)	251	계	753

· 제품평가 ·

부피 분할무게에 대하여 부피가 알맞고 일정해야 한다.
외부 균형 찌그러짐이 없이 균일한 모양을 가져야 한다.
껍질 소보로가 제품 표면에 적당량으로 골고루 묻어 있고, 먹음직스러운 색상이어야 한다.
내상 기공과 조직이 부위별로 고르며 부드러운 상태로 되어 있어야 한다.
맛과 향 빵과 소보로 토핑과의 조화가 최적이어야 한다.

· 만드는법 ·

① 반죽하기

❶ 이스트를 물에 풀어준다.

❷ 유지를 제외한 전재료를 믹싱한다.
❸ 클린업 단계에서 유지를 넣고 중속에서 9~10분 정도 하여 최종 단계(100%)까지 믹싱한다.

❹ 반죽온도 : 27℃

② 1차 발효하기

❶ 온도 : 27℃
❷ 상대습도 : 75~80%
❸ 발효시간 : 60~70분

③ 토핑 제조하기

❶ 마가린을 부드럽게 한 후 설탕, 소금을 넣고 크림화한다.

❷ 땅콩버터와 물엿을 넣고, 달걀을 넣으며 크림화한다.

❸ 체질한 가루(중력분, B.P, 분유)를 주걱으로 가볍게 섞는다.

④ 분할하기

50g씩 40개로 분할한다.

⑤ 둥글리기 · 중간 발효

겨울에는 발효실에서, 여름에는 실온발효로 10~15분 발효한다.

⑥ 성형하기

가스빼기를 한 뒤, 반죽에 물을 묻히고 토핑(30g)을 찍는다.

⑦ 패닝하기

한 팬에 12개 패닝한다.

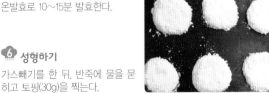

⑧ 2차 발효하기

❶ 온도 : 38℃
❷ 상대습도 : 80~85%
❸ 발효시간 : 30~40분

⑨ 굽기

190~200℃/150℃에서 15~18분 굽는다.

쌀 식빵

시험시간 3시간 40분
반죽정도 90%
성형방법 산형
굽는온도 180℃/190℃
굽는시간 30~40분

요구사항

쌀 식빵을 제조하여 제출하시오.

① 배합표의 각 재료를 계량하여 재료별로 진열하시오(9분).
- 재료계량(재료당 1분) → [감독위원 계량확인] → 작품제조 및 정리정돈(전체시험시간－재료계량시간)
- 재료계량시간 내에 계량을 완료하지 못하여 시간이 초과된 경우 및 계량을 잘못한 경우는 추가의 시간부여 없이 작품제조 및 정리정돈시간을 활용하여 요구사항의 무게대로 계량
- 달걀의 계량은 감독위원이 지정하는 개수로 계량

② 반죽은 스트레이트법으로 제조하시오. (단, 유지는 클린업 단계에서 첨가하시오.)

③ 반죽온도는 27℃를 표준으로 하시오.

④ 표준 분할무게는 198g씩으로 하고, 제시된 팬의 용량을 감안하여 결정하시오. (단, 분할무게×3을 1개의 식빵으로 함)

⑤ 반죽은 전량을 사용하여 성형하시오.

Tip

중간에 색이 나면 종이를 덮어 주되, 15분 이전에는 오븐 문을 열지 않는다(오븐 스프링이 적게 되어 완제품이 작게 나올 수 있다).

비율(%)	재료명	무게(g)
70	강력분	910
30	쌀가루	390
63	물	819(820)
3	이스트	39(40)
1.8	소금	23.4(24)
7	설탕	91(90)
5	쇼트닝	65(66)
4	탈지분유	52
2	제빵 개량제	26
185.8	계	2,415.4(2,418)

· 배 합 표 ·

· 제품평가 ·

부피 분할무게에 대하여 부피가 알맞고 균일한 부피가 되어야 한다.

외부 균형 찌그러짐이 없이 균일한 모양을 지니고 균형이 잘 잡혀야 한다.

껍질 껍질이 부드러우면서 부위별로 고른 색깔이 나며, 반점과 줄무늬가 없고 먹음직스러워야 한다.

내상 기공과 조직이 부위별로 고르며, 부드러운 상태로 되어야 한다.

맛과 향 씹는 촉감이 거칠거나 끈적거리지 않고 온화한 발효향이 나야 한다.

· 만드는법 ·

1 반죽하기

❶ 이스트를 물에 풀어준다.

❷ 유지를 제외한 전재료를 믹싱한다.

❸ 클린업 단계에서 유지를 넣고 중속에서 9~10분 정도 하여 발전 단계(90%)까지 믹싱한다.

❹ 반죽온도 : 27℃

2 1차 발효하기

❶ 온도 : 27℃

❷ 상대습도 : 75~80%

❸ 발효시간 : 50~60분

3 분할하기

198g×3씩 4개로 분할한다.

4 둥글리기 · 중간 발효

겨울에는 발효실에서, 여름에는 실온발효로 10~15분 발효한다.

5 성형하기

산형으로 성형 후 밑면을 눌러 들뜨지 않게 한다.

6 패닝하기

식빵틀에 3개씩 패닝한다.

7 2차 발효하기

❶ 온도 : 38℃

❷ 상대습도 : 80~85%

❸ 발효시간 : 30~40분

❹ 팬 높이까지 발효한다.

8 굽기

180℃/190℃에서 30~40분 전후로 굽는다.

호밀빵

시험시간 3시간 30분
반죽정도 80%
성형방법 타원형(럭비공형)
굽는온도 185℃/160℃
굽는시간 35~40분

요구사항

호밀빵을 제조하여 제출하시오.

① 배합표의 각 재료를 계량하여 재료별로 진열하시오(10분).
  - 재료계량(재료당 1분) → [감독위원 계량확인] → 작품제조 및 정리정돈(전체시험시간-재료계량시간)
  - 재료계량시간 내에 계량을 완료하지 못하여 시간이 초과된 경우 및 계량을 잘못한 경우는 추가의 시간부여 없이 작품제조 및 정리정돈시간을 활용하여 요구사항의 무게대로 계량
  - 달걀의 계량은 감독위원이 지정하는 개수로 계량

② 반죽은 스트레이트법으로 제조하시오.

③ 반죽온도는 25℃를 표준으로 하시오.

④ 표준 분할무게는 330g으로 하시오.

⑤ 제품의 형태는 타원형(럭비공 모양)으로 제조하고, 칼집모양을 가운데 일자로 내시오.

⑥ 반죽은 전량을 사용하여 성형하시오.

Tip

호밀의 색깔 때문에 굽는 시간을 준수하여 덜 익히지 않도록 한다.

비율(%)	재료명	무게(g)
70	강력분	770
30	호밀가루	330
3	이스트	33
1	제빵 개량제	11(12)
60~65	물	660~715
2	소금	22
3	황설탕	33(34)
5	쇼트닝	55(56)
2	탈지분유	22
2	몰트액	22
178~183	계	1,958~2,016

· 제품평가 ·

부피 분할무게에 대하여 부피가 알맞고 일정해야 한다.

외부 균형 찌그러짐이 없이 대칭모양을 지니고 균형이 잘 잡혀야 한다.

껍질 껍질에도 호밀가루가 혼합되어 있으며 부위별로 고른 색깔이 나고 반점과 줄무늬가 없으며, 먹음직스 러워야 한다.

내상 기공과 조직이 부위별로 고르며 호밀에 의한 색상이 고르게 나야 한다.

맛과 향 씹는 촉감이 다소 거칠더라도 끈적거리지 않고 호밀가루의 특유한 맛이 발효향과 조화를 이루어 야 한다.

· 만드는법 ·

1 반죽하기

❶ 이스트를 물에 풀어준다.

❷ 유지를 제외한 전재료를 믹싱 한다.
❸ 클린업 단계에서 유지를 넣고 중속에서 7~8분 정도 하여 발 전 단계(80%)까지 믹싱한다.

❹ 반죽온도 : 25℃

2 1차 발효하기

❶ 온도 : 25~30℃
❷ 상대습도 : 75~80%
❸ 발효시간 : 60~70분

3 분할하기

330g씩 6개로 분할한다.

4 둥글리기 · 중간 발효

겨울에는 발효실에서, 여름에는 실 온발효로 10~15분 발효한다.

5 성형하기

원로프형 : 타원형(럭비공 모양)

6 2차 발효하기

❶ 온도 : 38℃
❷ 상대습도 : 80~85%
❸ 발효시간 : 30~40분
❹ 철판을 흔들어 보아 탄력이 생 길 때까지 발효한다.

7 칼집내기

가운데 일자로 칼집을 내준다.

8 굽기

185~190℃/160℃ 30분 전후로 굽 는다.

버터 톱 식빵

시험시간 3시간 30분
반죽정도 100%
성형방법 원로프형
굽는온도 180℃/190℃
굽는시간 35~40분

버터 톱 식빵을 제조하여 제출하시오.

① 배합표의 각 재료를 계량하여 재료별로 진열하시오(9분).
   • 재료계량(재료당 1분) → [감독위원 계량확인] → 작품제조 및 정리정돈(전체시험시간−재료계량시간)
   • 재료계량시간 내에 계량을 완료하지 못하여 시간이 초과된 경우 및 계량을 잘못한 경우는 추가의 시간부여 없이 작품제조 및 정리정돈시간을 활용하여 요구사항의 무게대로 계량
   • 달걀의 계량은 감독위원이 지정하는 개수로 계량
② 반죽은 스트레이트법으로 만드시오. (단, 유지는 클린업 단계에서 첨가하시오.)
③ 반죽온도는 27℃를 표준으로 하시오.
④ 분할무게 460g짜리 5개를 만드시오(한 덩이 : one loaf).
⑤ 윗면을 길이로 자르고 버터를 짜 넣는 형태로 만드시오.
⑥ 반죽은 전량을 사용하여 성형하시오.

Tip

① 황금 갈색이 나야 하며, 옆 색이 나야 찌그러지지 않는다.
② 2차 발효 시점을 맞추어야 하며, 자칫 과발효되기 쉽다.
③ 구울 때 중간에 색이 나면 종이를 덮어 주되, 15분 이전에는 오븐 문을 열지 않는다. 오븐 스프링이 적게 되어 완제품이 작게 나올 수 있다.

비율(%)	재료명	무게(g)
100	강력분	1,200
40	물	480
4	이스트	48
1	제빵 개량제	12
1.8	소금	21.6[22]
6	설탕	72
20	버터	240
3	탈지분유	36
20	달걀	240
195.8	계	2,349.6[2,350]
5	*계량시간에서 제외 버터(바르기용)	60

제품평가

부피 분할무게에 대하여 부피가 알맞고 균일한 부피가 되어야 한다.
외부 균형 찌그러짐이 없이 균일한 모양을 지니고 좌우대칭을 이루어야 한다.
껍질 터짐이 바르고 색상이 고우며, 옆면, 밑면에도 적당한 색이 나야 한다.
내상 기공과 조직이 부위별로 고르며, 밝은 황색으로 생기가 있어야 한다.
맛과 향 식감이 부드럽고 버터향이 조화를 이루어야 한다.

만드는법

1 반죽하기
❶ 이스트를 물에 풀어준다.

❷ 유지를 제외한 전재료를 믹싱한다.
❸ 클린업 단계에서 유지를 넣고 중속에서 8~10분 정도 하여 최종 단계(100%)까지 믹싱한다.

❹ 반죽온도 : 25℃

2 1차 발효하기
❶ 온도 : 27℃
❷ 상대습도 : 75~80%
❸ 발효시간 : 60~70분

3 분할하기
460g씩 5개로 분할한다.

4 둥글리기 · 중간 발효
겨울에는 발효실에서, 여름에는 실온발효로 10~15분 발효한다.

5 성형하기
원로프형 : 한 덩어리형으로, 성형 후 밑면을 눌러 들뜨지 않게 해 준다(이음매가 아래로 향하게 한다).

6 2차 발효하기
❶ 온도 : 38℃
❷ 상대습도 : 80~85%
❸ 발효시간 : 30~40분
❹ 팬 높이까지 발효한다.

7 칼집내기
양끝 1cm 남기고 깊이 0.5cm로 칼집을 낸다.

8 버터짜기
마요네즈 상태로 부드럽게 만든 버터를 종이 짤주머니에 담아 한줄로 짜준다.

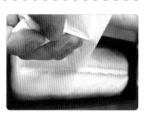

9 굽기
180℃/185~190℃에서 35~40분 굽는다.

옥수수 식빵

시험시간 3시간 40분
반죽정도 80%
성형방법 산형
굽는온도 180℃/190℃
굽는시간 35~40분

요구사항

옥수수 식빵을 제조하여 제출하시오.

① 배합표의 각 재료를 계량하여 재료별로 진열하시오(10분).
  • 재료계량(재료당 1분) → [감독위원 계량확인] → 작품제조 및 정리정돈(전체시험시간−재료계량시간)
  • 재료계량시간 내에 계량을 완료하지 못하여 시간이 초과된 경우 및 계량을 잘못한 경우는 추가의 시간부여 없이 작품제조 및 정리정돈시간을 활용하여 요구사항의 무게대로 계량
  • 달걀의 계량은 감독위원이 지정하는 개수로 계량
② 반죽은 스트레이트법으로 제조하시오. (단, 유지는 클린업 단계에서 첨가하시오).
③ 반죽온도는 27℃를 표준으로 하시오.
④ 표준 분할무게는 180g으로 하고, 제시된 팬의 용량을 감안하여 결정하시오. (단, 분할무게×3을 1개의 식빵으로 함)
⑤ 반죽은 전량을 사용하여 성형하시오.

Tip

① 옥수수 가루가 찰지므로 여름에는 물 조절을 해야 작업이 용이하다.
② 굽기 중 옆 색이 잘 나야 완제품이 찌그러지지 않는다.

· 배 합 표 ·

비율(%)	재료명	무게(g)
80	강력분	960
20	옥수수 분말	240
60	물	720
3	이스트	36
1	제빵 개량제	12
2	소금	24
8	설탕	96
7	쇼트닝	84
3	탈지분유	36
5	달걀	60
189	계	2,268

· 제품평가 ·

부피 분할무게에 대하여 부피가 알맞고 균일한 부피가 되어야 한다.

외부 균형 찌그러짐이 없이 균일한 모양을 지니고 균형이 잘 잡혀야 한다.

껍질 껍질이 부드러우면서 부위별로 고른 색깔이 나며 반점과 줄무늬가 없고 먹음직스러워야 한다.

내상 기공과 조직이 부위별로 고르며, 부드러운 상태로 되어 있어야 한다.

맛과 향 씹는 촉감이 부드러우면서 끈적거리지 않고 옥수수의 구수한 맛이 발효향과 조화를 이루어야 한다.

· 만드는법 ·

1 반죽하기

❶ 이스트를 물에 풀어준다.

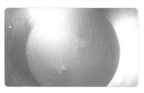

❷ 유지를 제외한 전재료를 믹싱한다.

❸ 클린업 단계에서 유지를 넣고 중속에서 7~8분 정도하여 발전단계(80%)까지 믹싱한다.

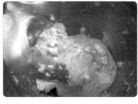

❹ 반죽온도 : 27℃

2 1차 발효하기

❶ 온도 : 27℃
❷ 상대습도 : 75~80%
❸ 발효시간 : 60~70분

3 분할하기

180g×3씩 4개로 분할한다.

4 둥글리기 · 중간 발효

겨울에는 발효실에서, 여름에는 실온발효로 10~15분 발효한다.

5 성형하기

❶ 산형 : 성형 후 밑면을 눌러 들뜨지 않게 한다.
❷ 원로프형 : 한 덩어리형

6 2차 발효하기

❶ 온도 : 38℃
❷ 상대습도 : 80~85%
❸ 발효시간 : 30~40분
❹ 산형은 팬 위로 1~1.5cm, 원로프형은 팬 높이 정도로 올라올 때까지 발효한다.

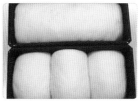

7 굽기

180℃/185~190℃에서 35~40분 굽는다(중간에 색이 나면 종이를 덮어주되, 15분 이전에는 오븐 문을 열지 않는다. 오븐 스프링이 적게 되어 완제품이 작게 나올 수 있다).

모카빵

시험시간 3시간 30분
반죽정도 100%
성형방법 고구마형(럭비공형)
굽는온도 185~190℃/160℃
굽는시간 35분

요구사항

모카빵을 제조하여 제출하시오.

① 배합표의 빵반죽 재료를 계량하여 재료별로 진열하시오(11분).

- 재료계량(재료당 1분) → [감독위원 계량확인] → 작품제조 및 정리정돈(전체시험 시간−재료계량시간)

- 재료계량시간 내에 계량을 완료하지 못하여 시간이 초과된 경우 및 계량을 잘못 한 경우는 추가의 시간부여 없이 작품제조 및 정리정돈시간을 활용하여 요구사항 의 무게대로 계량

- 달걀의 계량은 감독위원이 지정하는 개수로 계량

② 반죽은 스트레이트법으로 제조하시오. (단, 유지는 클린업 단계에 서 첨가하시오.)

③ 반죽온도는 27℃를 표준으로 하시오.

④ 반죽 1개의 분할무게는 250g, 1개당 비스킷은 100g씩으로 제조하시오.

⑤ 제품의 형태는 타원형(럭비공 모양)으로 제조하시오.

⑥ 토핑용 비스킷은 주어진 배합표에 의거 직접 제조하시오.

⑦ 완제품 6개를 제출하고 남은 반죽은 감독위원 지시에 따라 별도로 제출하시오.

Tip

① 찌그러짐이 없고 대칭을 이루어야 한다.

② 토핑에 균일한 균열이 있어야 한다.

반죽			토핑용 비스킷(계량시간에서 제외)		
비율(%)	재료명	무게(g)	비율(%)	재료명	무게(g)
100	강력분	850	100	박력분	350
45	물	382.5[382]	20	버터	70
5	이스트	42.5[42]	40	설탕	140
1	제빵 개량제	8.5[8]	24	달걀	84
2	소금	17[16]	1.5	베이킹 파우더	5.25[5]
15	설탕	127.5[128]	12	우유	42
12	버터	102	0.6	소금	2.1[2]
3	탈지분유	25.5[26]	198.1	계	693.35[693]
10	달걀	85[86]			
1.5	커피	12.75[12]			
15	건포도	127.5[128]			
209.5	계	1,780.75[1,780]			

제품평가

부피 분할무게에 대한 부피가 알맞고 일정해야 한다.
외부 균형 찌그러짐이 없이 균일한 모양을 가져야 한다.
껍질 토핑물의 형태가 적당히 갈라지고 먹음직스러운 색상이어야 한다.
내상 기공과 조직이 부위별로 고르며 부드러운 상태로 되어 있어야 한다.
맛과 향 빵과 비스킷의 조화가 최적이어야 한다.

만드는법

① 반죽하기

❶ 이스트를 물에 풀어준다.

❷ 유지를 제외한 전재료를 믹싱한다.

❸ 클린업 단계에서 유지를 넣고 중속에서 9∼10분 정도 반죽한다.

❹ 27℃에 전처리한 건포도를 넣고 최종 단계(100%)까지 믹싱한다.
❺ 반죽온도 : 27℃

② 1차 발효하기

❶ 온도 : 27℃
❷ 상대습도 : 75∼80%
❸ 발효시간 : 60∼70분

③ 토핑 제조하기

❶ 버터를 부드럽게 하고 설탕, 소금을 넣어 크림화한다.

❷ 달걀을 나누어 넣으며 크림화한다.

❸ 체질한 가루(박력분, 베이킹 파우더)와 우유를 넣고 한 덩어리가 되게 하여 비닐에 싸서 냉장휴지한다(20분).

④ 분할하기

❶ 반죽 : 250g씩 6∼7개
❷ 토핑 : 100g

⑤ 둥글리기 · 중간 발효

겨울에는 발효실에서, 여름에는 실온발효로 10∼15분 발효한다.

⑥ 성형하기

❶ 반죽 : 원로프형 – 한 덩어리형 (럭비공 모양)
❷ 토핑 : 비닐이나 천 위에 놓고 밀어편 뒤, 반죽을 싼다.

⑦ 패닝하기

한 팬에 3개씩 패닝한다.

⑧ 2차 발효하기

❶ 온도 : 38℃
❷ 상대습도 : 80∼85%
❸ 발효시간 : 30∼40분

⑨ 굽기

185∼190℃/160℃에서 35분 전후 굽는다.

버터 롤

시험시간 3시간 30분
반죽정도 100%
성형방법 올챙이 → 번데기
굽는온도 200℃/150℃
굽는시간 10∼15분

요구사항

Tip

버터 롤을 제조하여 제출하시오.

① 배합표의 각 재료를 계량하여 재료별로 진열하시오(9분).
- 재료계량(재료당 1분) → [감독위원 계량확인] → 작품제조 및 정리정돈(전체시험 시간−재료계량시간)
- 재료계량시간 내에 계량을 완료하지 못하여 시간이 초과된 경우 및 계량을 잘못 한 경우는 추가의 시간부여 없이 작품제조 및 정리정돈시간을 활용하여 요구사항 의 무게대로 계량
- 달걀의 계량은 감독위원이 지정하는 개수로 계량

② 반죽은 스트레이트법으로 제조하시오. (단, 유지는 클린업 단계에 첨가하시오.)

③ 반죽온도는 27℃를 표준으로 하시오.

④ 반죽 1개의 분할무게는 50g으로 제조하시오.

⑤ 제품의 형태는 번데기 모양으로 제조하시오.

⑥ 24개를 성형하고, 남은 반죽은 감독위원의 지시에 따라 별도로 제 출하시오.

폭을 좁게 밀어야 모양이 예쁘다.

비율(%)	재료명	무게(g)
100	강력분	900
10	설탕	90
2	소금	18
15	버터	135(134)
3	탈지분유	27(26)
8	달걀	72
4	이스트	36
1	제빵 개량제	9(8)
53	물	477(476)
196	계	1,764

·제품평가·

부피 분할무게에 대한 부피가 알맞고 일정해야 한다.

외부 균형 찌그러짐이 없이 균일한 모양을 가져야 한다.

껍질 껍질이 부드러우면서 부위별로 고른 색깔로 반점과 줄무늬가 없고 먹음직스러워야 한다.

내상 기공과 조직이 부위별로 고르며 부드러운 상태로 되어 있어야 한다.

맛과 향 씹는 촉감이 거칠거나 끈적거리지 않고 온화한 발효향이 나야 한다.

·만드는법·

① 반죽하기

❶ 이스트를 물에 풀어준다.

❷ 유지를 제외한 전재료를 믹싱한다.

❸ 클린업 단계에서 유지를 넣고 중속에서 9~10분 정도 하여 최종 단계(100%)까지 믹싱한다.

❹ 반죽온도 : 27℃

② 1차 발효하기

❶ 온도 : 27℃

❷ 상대습도 : 75~80%

❸ 발효시간 : 60~70분

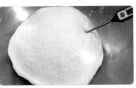

③ 분할하기

50g씩 34개로 분할한다.

④ 둥글리기 · 중간 발효

겨울에는 발효실에서, 여름에는 실온발효로 10~15분 발효한다.

⑤ 성형하기

올챙이형(번데기형)

⑥ 패닝하기

한 팬에 12개 패닝한다.

⑦ 2차 발효하기

❶ 온도 : 38℃

❷ 상대습도 : 80~85%

❸ 발효시간 : 30~40분

⑧ 달걀 물 칠하기

❶ 달걀 1개 + 물 50ml

❷ 붓을 짧게 잡고 고루 발라준다.

⑨ 굽기

190~200℃/150℃에서 10~15분 굽는다.

통밀빵

시험시간 3시간 30분
반죽정도 80%
성형방법 밀대(봉)형
굽는온도 190℃/160℃
굽는시간 20~25분

요구사항

통밀빵을 제조하여 제출하시오.

① 배합표의 각 재료를 계량하여 재료별로 진열하시오(10분). (단, 토핑용 오트밀은 계량시간에서 제외한다.)
   - 재료계량(재료당 1분) → [감독위원 계량확인] → 작품제조 및 정리정돈(전체시험시간−재료계량시간)
   - 재료계량시간 내에 계량을 완료하지 못하여 시간이 초과된 경우 및 계량을 잘못한 경우는 추가의 시간부여 없이 작품제조 및 정리정돈시간을 활용하여 요구사항의 무게대로 계량
   - 달걀의 계량은 감독위원이 지정하는 개수로 계량

② 반죽은 스트레이트법으로 제조하시오.

③ 반죽온도는 25℃를 표준으로 하시오.

④ 표준 분할무게는 200g으로 하시오.

⑤ 제품의 형태는 밀대(봉)형(22~23cm)으로 제조하고, 표면에 물을 발라 오트밀을 보기 좋게 적당히 묻히시오.

⑥ 8개를 성형하여 제출하고 남은 반죽은 감독위원의 지시에 따라 별도로 제출하시오.

Tip

① 반죽온도가 높아지지 않게 한다.

② 성형 시 계속 수축하므로 요구사항에 있는 길이를 맞추어 성형해야 한다.

| 반죽 |

비율(%)	재료명	무게(g)
80	강력분	800
20	통밀가루	200
2.5	이스트	25(24)
1	제빵 개량제	10
63~65	물	630~650
1.5	소금	15(14)
3	설탕	30
7	버터	70
2	탈지분유	20
1.5	몰트액	15(14)
181.5~183.5	계	1,812~1,835

| 토핑용 재료(계량시간에서 제외) |

비율(%)	재료명	무게(g)
-	(토핑용)오트밀	200

제품평가

부피 분할무게에 대하여 부피가 알맞고 일정해야 한다.

외부균형 대칭모양을 지니고 균형이 잘 잡혀야 한다.

껍질 껍질에 오트밀이 고루 묻어 있어야 하며 부위별로 고른 색깔이 나고 반점과 줄무늬가 없으며, 먹음직 스러워야 한다.

내상 기공과 조직이 부위별로 고르며 통밀에 의한 색상이 고르게 나야 한다.

맛과 향 씹는 촉감이 끈적거리지 않고 오트밀과 통밀 특유한 맛과 발효향이 조화를 이루어야 한다.

만드는법

1 반죽하기

❶ 이스트를 물에 풀어준다.

❷ 유지를 제외한 전재료를 믹싱한다.

❸ 클린업 단계에서 유지를 넣고 중속에서 7~8분 정도 하여 발전단계(80%)까지 믹싱한다.

❹ 반죽온도 : 25℃

2 1차 발효하기

❶ 온도 : 25~30℃

❷ 상대습도 : 75~80%

❸ 발효시간 : 60~70분

3 분할하기 · 둥글리기

200g씩 분할하여 둥글린다.

4 중간발효

겨울에는 발효실에서, 여름에는 실온에서 10~15분 발효한다.

5 성형하기

원로프 밀대(봉)형으로 22~23cm 가 되게 한다.

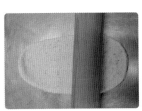

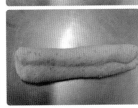

6 오트밀 묻히기

표면에 물을 발라 오트밀을 묻힌다.

7 패닝하기

철판에 패닝한다.

8 2차 발효하기

❶ 온도 : 38℃

❷ 상대습도 : 80~85%

❸ 발효시간 : 30~40분

❹ 철판을 흔들어 보아 탄력이 생길 때까지 발효한다.

9 굽기

 190℃/160℃에서 20~25분 굽는다.

Part 3
제과·제빵 취미품목

콘 페이스트리

재료명	중량(g)
강력분	350
중력분	200
옥수수 분말	100
설탕	75
버터	50
소금	10
생 이스트	30
전란	2개
물	350
개량제	10
속유지	200
충전 : 콘, 버터, 건포도, 밤다이스	적당량

• 만드는 법 •

1. 반죽하기

강력분+중력분+옥수수 분말+설탕+소금+개량제+전란을 넣고 찬물에 풀어둔 이스트의 클린업 단계에서 버터를 넣어 주어 발전 단계까지 반죽한다.

2. 냉장휴지하기

비닐에 싸서 20~35분 냉장 휴지한다.

3. 유지싸기

속 유지를 부드럽게 한 뒤, 휴지된 반죽을 꺼내어 3절 3회 밀어 펴기한다(매회 20분 냉장 휴지).

4. 성형하기

❶ 반죽을 가로 60cm, 세로 20cm로 밀어 편 뒤, 아몬드 크림(미니아몬드 케이크 참조)을 바르고 충전물을 뿌린 뒤 말아준다.

❷ 4cm로 잘라서 마들렌 컵에 담는다.

5. 2차 발효하기

❶ 온도 : 30℃

❷ 상대습도 : 75%

❸ 발효시간 : 30~40분

6. 굽기

200℃/170℃에서 20~25분 굽는다.

7. 장식하기

식으면 혼당을 뿌려준다.

파테토네

지름 11cm, 7개 분량

| 본반죽 |

재료명	중량(g)
강력분	1,000
물	450
생 이스트	50
개량제	10
소금	18
설탕	180
마가린	200
전란	180

| 내용물 |

재료명	중량(g)
오렌지필	50
아몬드	60
호두	100
건포도	200
체리	50
체리 국물/럼	30/30

· 만드는 법 ·

1. 반죽하기

❶ 강력분+개량제+소금 물에 풀어둔 이스트+전란을 넣고 클린업 단계에 마가린을 넣어, 최종 단계(100%)까지 반죽한다.

❷ 섞어둔 내용물을 저속에서 섞는다.

2. 1차 발효하기

❶ 온도 : 27℃

❷ 상대습도 : 75~80%

❸ 발효시간 : 60~90분

3. 분할하기

330g씩 7개

4. 둥글리기 · 중간 발효

10~15분

5. 성형하기

둥글리기 하여 파테토네 컵에 담는다.

6. 2차 발효하기

❶ 온도 : 38℃

❷ 상대습도 : 80~85%

❸ 발효시간 : 30~40분

❹ 팬 높이까지 발효한다.

7. 칼집내기

" + " 칼집을 내고 버터를 짜준다.

8. 굽기

180℃/180℃에서 30~35분 굽는다.

9. 장식하기

식으면 광택제를 바르고 레인보우를 뿌려준다.

코요타 (중국호떡)

· 만드는 법 ·

1. 반죽하기

강력분+소금+생 이스트+식용유+버터+물을 넣고 발전 단계까지 반죽한다.

2. 1차 발효하기

실온에서 30분 발효한다.

3. 분할하기

60g씩 12개

4. 둥글리기 · 중간 발효

10~15분

5. 성형하기

❶ 반죽을 납작하게 눌러서 내용물을 한 수 저 넣어 싼다.

❷ 밀대를 이용하여 터지지 않게 최대한 얇 게 밀어준다.

6. 굽기

190℃/170℃에서 15~18분 굽는다.

| 반죽 |

재료명	중량(g)
강력분	500
소금	12
생 이스트	14
식용유	30
버터	30
물	300

| 내용물 |

재료명	중량(g)
흑설탕	300
중력	30
계피분	10

찹쌀 바게트

· 만드는 법 ·

1. 반죽하기

충전 재료를 제외한 전재료를 넣고 최종 단계까지 반죽을 한다.

2. 1차 발효하기

실온에서 60~90분 발효한다.

3. 충전물 만들기

물을 조절하며 넣어 섞어준다.

4. 분할하기

❶ 반죽 : 200g씩 20개 분량

❷ 충전물 : 100g

5. 성형하기

반죽을 타원형으로 밀어 편 뒤, 충전물을 싸 주고, 겉에 콩가루 볶은 것을 묻힌다.

6. 2차 발효하기

30분

7. 굽기

190℃/160℃에서 30~35분 굽는다.

| 반죽 |

재료명	중량(g)
강력분	1,500
크라프트콘	300
설탕	54
소금	36
드라이 이스트	36
물	1,280

| 내용물 |

재료명	중량(g)
찹쌀	1,500
설탕	450
소금	30
강낭콩배기	400
물	400~600

콘 브레드

· 만드는 법 ·

1. 반죽하기

❶ 마가린과 옥수수, 호두, 건포도를 제외한
전재료 믹싱 후 클린업 단계에 마가린을
넣고, 발전 단계까지 반죽한다.

❷ 저속에서 옥수수, 호두, 건포도를 섞는다.

2. 분할하기

120g씩 분할하여 둥글린다.

3. 노른자 칠하기

노른자를 붓으로 고이지 않게 골고루 칠한다.

4. 굽기

200℃/170℃에서 20~22분 굽는다.

재료명	중량(g)
중력분	400
옥수수 분말	300
설탕	100
마가린	130
B.P	30
소금	8
전란	6개
우유	250
옥수수	130
호두	300
건포도	100

호두파이

2호, 6개 분량

·만드는 법·

1. 내용물 만들기

❶ 전란을 풀고, 설탕+물엿+소금을 넣고, 설탕이 완전히 녹을 때까지 중탕한다.

❷ 녹인 버터를 넣어준다.

❸ 체에 걸러서 내려준 뒤, 향을 넣는다.

2. 파이도우 만들기

❶ 강력분과 쇼트닝을 콩알만 하게 다진다.

❷ 찬물에 소금+설탕+전란을 넣고 풀어준다.

❸ ❶에 ❷를 섞어 한 덩어리가 되면 뭉쳐서 냉장 휴지한다(20~30분).

3. 성형하기

기름칠한 파이팬에 파이도우를 3~4mm로 밀어 편 뒤, 모양을 잡고 호두 다진 것을 넣고 내용물을 90% 부어준다.

4. 굽기

185℃/160℃씩 35~40분 굽는다.

| 내용물 |

재료명	중량(g)
전란	30개
설탕	1,000
물엿	1,000
소금	10
버터	100
바닐라향	조금
호두분태	1,000

| 파이도우 |

재료명	중량(g)
강력분	1,000
쇼트닝	500
물	400
소금	10
설탕	80
전란	2개

블루베리 머핀

1. 반죽하기

❶ 버터를 부드럽게 풀고, 소금+설탕을 넣고 크림화한다.

❷ 전란을 나누어 넣으면서 크림화한다.

❸ 체질한 가루(박력분+B.P)를 넣고 호두, 건포도, 우유를 섞은 뒤, 블루베리 파이 필링을 가볍게 섞어준다.

2. 패닝하기

종이 깐 머핀 틀에 80% 패닝한다.

3. 굽기

185℃/160℃에서 25~30분 굽는다.

재료명	중량(g)
설탕	250
버터	400
소금	4
전란	7개
박력분	500
B.P	10
블루베리 파이필링	300
호두	70
건포도	70
우유	50
바닐라향	조금

파인애플 업사이드

40×55cm, 1팬용

1. 반죽하기

❶ 마가린과 버터를 부드럽게 풀어준 뒤, 설탕, 소금을 넣고 크림화한다.

❷ 전란을 나누어 넣으며 크림화한다.

❸ 체친 가루(중력분+B.P)를 섞고, 우유, 파인애플 주스를 넣는다.

2. 패닝하기

종이 깐 팬에 파인애플을 깔고 체리를 군데군데 뿌린 후 그 위에 반죽을 패닝한다.

3. 굽기

180~185℃/160℃에서 30~35분 굽는다.

4. 장식하기

뒤집어 꺼내고, 식으면 나빠쥬(광택제)를 바른다.

재료명	중량(g)
설탕	550
소금	4
마가린	300
버터	300
중력분	614
B.P	12
우유	70
전란	600
파인애플 주스	100
파인애플	1캔
체리	100
바닐라향	조금

녹차 시폰

· 만드는 법 ·

1. 반죽하기

❶ 달걀 노른자와 설탕(A)을 저어준다.

❷ ❶반죽에 우유+식용유+체친 가루(박력분+녹차가루+클로렐라)를 섞어준다.

❸ 달걀 흰자에 설탕(B)를 넣어 90%까지 거품을 올린다.

❹ ❷반죽에 흰자 거품을 2회 나누어 넣어준다.

2. 패닝하기

물 스프레이한 2호 시폰팬에 60% 패닝한다.

3. 굽기

180℃/160℃에서 35분 굽는다.

4. 냉각하기

뒤집어서 냉각한다.

5. 장식하기

생크림으로 아이싱한 후, 녹차가루에 설탕과 물을 섞어 스패츌러를 이용하여 장식해준다.

재료명	중량(g)
달걀 노른자	24개
설탕(A)	150
우유	440
식용유	360
박력분	480
녹차가루	10
클로렐라	10
달걀 흰자	24개
설탕(B)	540
팥배기	160
바닐라향	조금

카스테라

40×55cm, 1팬용

1. 반죽하기

❶ 전란+달걀 노른자를 풀고 설탕+소금+ 물엿을 중탕 한 후 거품기로 최대한 휘 핑한다.

❷ 체질한 박력분을 가볍게 섞고, 따뜻한 버 터와 우유와 럼을 넣어준다.

2. 패닝하기

나무팬에 종이를 2겹씩 깔고 패닝한다.

3. 굽기

230℃/150℃에서 굽다가 10분 후에 색이 나 면 150℃/150℃로 1시간 20분 더 굽는다.

재료명	중량(g)
전란	16개
달걀 노른자	30개(600g)
설탕	860
물엿	20
버터(용해)	150
우유	150
럼	140
박력분	700
소금	4
바닐라향	조금

크림치즈 케이크

2호, 3개 분량

· 만드는 법 ·

1. 반죽하기(슈가도우 참조)

❶ 크림치즈와 버터를 부드럽게 풀어준다.

❷ 설탕을 넣고 저어준다.

❸ 달걀을 투입하여 저어준다.

❹ 생크림+레몬 주스+전분을 넣어준다.

2. 성형하기

❶ 틀에 맞게 슈가도우를 깔아준다.

❷ 크림치즈 반죽을 부어준다(90%).

❸ 물기를 제거한 다크 스위트 체리를 군데 군데 박아준다.

❹ 아몬드 슬라이스를 뿌려준다.

3. 굽기

185℃/160℃에서 25~30분 굽는다.

4. 장식하기

나빠쥬나 슈가 파우더를 뿌리고 장미꽃잎이 나 향신료로 장식한다.

· 슈가도우반죽하기 ·

❶ 버터를 부드럽게 하고, 소금과 설탕을 섞어준다.

❷ 계란을 나누어서 섞어준다.

❸ 체질한 박력분을 넣고, 가볍게 섞는다.

❹ 비닐에 밀봉하여 냉장 휴지한다(30분~1시간).

❺ 두께 4~5mm으로 밀어서 사용한다.

| 크림치즈 내용물 |

재료명	중량(g)
크림치즈	680
설탕	200
전란	6개
생크림	50
레몬 주스	5cc
다크 스위트 체리	120
버터	60
전분	40
아몬드 슬라이스	조금

재료명	중량(g)
설탕	200
버터	400
박력분	450
전란	80
소금	4
바닐라향	조금

호박 파이

1. 반죽하기

❶ 단호박은 쪄서 체에 내린다.

❷ 단호박에 설탕+소금+꿀+전란을 섞어둔다.

❸ 계피분과 강력분은 체에 내려서 생크림과 우유를 섞는다.

2. 성형하기

❶ 슈가도우를 팬에 맞추어 깔아준다.

❷ 반죽한 호박 파이 도우를 부어준다(90% 패닝).

3. 굽기

185℃/160℃에서 30~35분 굽는다.

4. 장식하기

식혀서 슈가 파우더나 나빠쥬로 장식한다.

재료명	중량(g)
단호박	650
전란	6개
설탕	200
소금	4
우유	250
계피분	6
생크림	50
강력분	50

호박 케이크

· 만드는 법 ·

1. 반죽하기

❶ 설탕+소금+중력분+계피+소다를 섞고 달걀 흰자+우유+생크림+식용유+바닐라에 센스를 부어가며 섞어준다(덩어리 지지 않게).

❷ 나박썰기한 늙은 호박과 어슷 썰기한 애호박을 넣고 다진 호두를 넣어준다.

2. 패닝하기

마들렌 컵이나 파운드틀에 80% 패닝한다.

3. 굽기

185℃/160℃에서 30~35분 굽는다.

4. 장식하기

식으면 나빠쥬를 바르고, 코코넛 슬라이스를 뿌린다.

재료명	중량(g)
달걀 흰자	115
우유	115
생크림	115
설탕	340
소금	8
식용유	210
중력분	600
계피	12
소다	10
바닐라 에센스	8
늙은 호박	225
애호박	225
호두	120

클래식 쇼콜라

하트롤 2호, 5개 분량

1. 반죽하기

❶ 생크림을 데운다.

❷ 녹인 버터에 다진 초콜릿을 넣는다.

❸ 달걀 노른자를 섞는다.

❹ 달걀 흰자를 60% 올리고 설탕을 2회 나누어 90% 머랭을 만든다.

❺ 본 반죽에 나누어 넣는다.

2. 패닝하기

종이 깐 하트팬에 80% 패닝한다.

3. 굽기

180℃/175℃에서 30~35분 굽는다.

4. 장식하기

식으면 슈가 파우더를 뿌린다.

재료명	중량(g)
생크림	320
버터	300
초콜릿	320
달걀 흰자	15개
달걀 노른자	15개
박력분	120
코코아 가루	240
설탕	540
바닐라향	조금

월넛 초코 쿠키

· 만드는 법 ·

1. 반죽하기

❶ 쇼트닝을 부드럽게 풀고, 흑설탕과 소금을 넣어 크림화한다.

❷ 달걀을 나누어 넣으면서 크림화한다.

❸ 체질한 가루(박력분+강력분+소다+B.P)를 가볍게 섞고, 초코칩과 호두도 가볍게 섞는다.

2. 패닝하기

한 숟가락씩 떠서 패닝한다.

3. 굽기

190~200℃/140℃에서 12~15분 굽는다.

4. 장식하기

식으면 슈가 파우더를 뿌린다.

재료명	중량(g)
쇼트닝	200
흑설탕	160
소금	2
전란	2개
박력분	150
강력분	150
초코칩	160
호두	160
소다	4
베이킹 파우더	4
바닐라향	조금

아몬드(코코넛)튀일-전병

1. 반죽하기

❶ 박력분+설탕+슬라이스 아몬드를 섞는다.
❷ 흰자를 나누어 넣고 용해 버터를 넣는다.

2. 패닝하기

실리콘 페이퍼에 한 숟가락씩 떠넣고 포크로 얇게 펴준다.

3. 굽기

180℃/150℃에서 10~12분 굽는다.

4. 성형하기

뜨거울 때 밀대 위에 놓으면 기와모양이 된다.

재료명	중량(g)
박력분	100
아몬드 슬라이스(코코넛, 들깨)	260
설탕	200
달걀 흰자	200
버터	260

콘 후레이크 쿠키

· 만드는 법 ·

1. 반죽하기

❶ 버터를 마요네즈 상태로 부드럽게 해준다.

❷ 설탕과 소금을 넣고 크림화한다.

❸ 달걀을 넣고 크림화한다.

❹ 체친 가루(중력분+B.P)를 넣고 가볍게 섞는다.

2. 성형하기

동그랗게(20g) 뭉쳐서 콘 후레이크를 묻혀 팬에 놓는다.

3. 굽기

190~200℃/120℃에서 8~10분 굽는다.

재료명	중량(g)
중력분	500
설탕	350(400)
버터	380
전란	4개
B.P	16
콘 후레이크	400(200/200) : 묻힐 것
소금	2

개구리 쿠키

◦ 만드는 법 ◦

1. 반죽하기

❶ 버터를 부드럽게 풀고, 설탕+소금+물엿을 넣고 섞어준다.

❷ 전란을 넣고, 체친 가루(박력분+B.P)를 넣고 섞어준다.

❸ 반죽 1/2에 녹차 가루를 넣는다.

2. 성형하기

❶ 눈 만들기 : 흰 반죽을 폭 4cm, 길이 25cm로 펴고, 녹차 반죽을 넣고 길게 싸준다.

❷ 녹차 반죽을 20cm 길이로 늘여 종이로 말아준다.

3. 휴지하기

24시간 냉동실에서 휴지한다.

4. 2차 성형하기

칼로 0.5cm로 잘라서 눈과 머리를 붙인 후, 시가렛 반죽으로 눈과 입을 그린다.

5. 굽기

190℃/140℃에서 12~14분 굽는다.

◦ 개구리(녹차25g) ◦

❶ 눈 : 흰 반죽 100(속으로 들어가는 부분)
　　녹차 반죽 100
　　25~30cm 늘임 3개

❷ 머리 : 20cm, 300g

❸ 시가렛 반죽으로 눈과 입을 그려준다.

| 크림치즈 내용물 |

재료명	중량(g)
버터	270
박력분	450
설탕	170
소금	2
전란	2개
물엿	20
B.P	10

| 시가렛 반죽 |

재료명	중량(g)
분당	100
버터	100
흰자	100
박력분	100
코코아 가루	10

영 떡

18cm 팬,
은박접시 10개 분량

· 만드는 법 ·

1. 반죽하기

모든 재료를 섞는다.

2. 패닝하기

기름 칠한 은박접시에 200g씩 패닝한다.

3. 굽기

180℃/160℃에서 20~25분 굽는다.

재료명	중량(g)
찹쌀가루	500
설탕	60
B.P	6
소다	4
소금	3
호두	60
밤	60
완두배기	60
팥배기	60
우유	250

송이볼

1. 반죽하기

모든 재료를 섞어 치대어 준다.

2. 성형하기

모양깍지에 넣고 짜준다.

3. 장식하기

끝부분에 아몬드 슬라이스나 코코넛가루를 묻힌다.

4. 굽기

200℃/100℃에서 10~12분 굽는다.

TIP

반죽 속에 블루베리와 황치즈 가루를 첨가하면 다양한 송이볼을 만들 수 있다.

재료명	중량(g)
흰 앙금	2,000
물엿	200
아몬드 분말	100
달걀	1개

구겔 호프

2호, 6~7개 분량

· 만드는 법 ·

1. 반죽하기

❶ 녹인 초콜릿과 버터를 부드럽게 한 뒤, 분당 1/2을 넣고 크림화한다.

❷ 노른자를 나누어 넣으며 크림화한다.

❸ 흰자 60% 올리고, 나머지 분당을 나누어 넣으며 크림화한다.

❹ ❷의 반죽에 흰자 1/3을 넣고 체질한 가루(박력분+아몬드 분말)를 섞고, 나머지 흰자를 넣어준다.

2. 패닝하기

❶ 기름칠하고 아몬드 분말을 뿌린 구겔 호프틀을 준비한다.

❷ 팬에 70% 패닝한다(2호-500g).

3. 굽기

180℃/160℃에서 40~45분 굽는다.

4. 냉각하기

뒤집어서 냉각한다.

재료명	중량(g)
박력분	250
버터	650
분당	520
초콜릿	620
달걀 노른자	620
달걀 흰자	400
아몬드 분말	650
바닐라향	조금

아몬드 크림
(미니 아몬드 케이크)

재료명	중량(g)
버터	1,000
슈가 파우더	1,000
달걀	1,000
박력분	400
아몬드 가루	1,000
바닐라향	조금

·만드는 법·

1. 반죽하기

❶ 버터를 부드럽게 풀고 슈거 파우더를 넣어준다.

❷ 달걀을 나누어 넣고 체질한 가루(박력분 +아몬드 가루)를 넣어준다.

❸ 냉장고에서 3시간 휴지시킨다.

2. 패닝하기

❶ 종이를 깐 팬에 80% 패닝한다(짤 주머니에 넣고 짜준다).

❷ 위에 건 살구, 호두, 체리 등으로 장식한다.

3. 굽기

185℃/160℃에서 15~20분 굽는다.

4. 장식하기

식으면 나빠쥬를 발라준다.

냉동 아몬드 쿠키

• 만드는 법 •

1. 반죽하기

❶ 버터를 부드럽게 풀고 설탕과 소금을 넣어준다.

❷ 달걀을 나누어 넣고 체질한 가루(중력분+아몬드 가루+B.P)를 넣어준다.

❸ 우유를 넣고 아몬드 슬라이스를 넣어준다.

2. 성형하기

❶ 유산지를 준비하여 타원형 봉 모양으로 만들어 싸준다.

❷ 냉동실에서 24시간 휴지시킨다.

❸ 0.8cm 두께로 잘라 철판에 패닝한다.

3. 굽기

190~200℃/160℃에서 8~12분 굽는다.

재료명	중량(g)
버터	430
설탕	630
B.P	8
달걀	5개
소금	2
우유	80
아몬드 가루	230
중력분	1,000
아몬드 슬라이스	600
바닐라향	조금

냉동 피넛 쿠키

40×60, 1팬용

1. 반죽하기

❶ 버터와 피넛버터를 부드럽게 풀고 설탕과 소금을 넣어준다.

❷ 달걀을 나누어 넣고 체질한 가루(박력분+소다)를 넣어준다(땅콩분태를 넣어도 좋다).

2. 성형하기

❶ 철판에 비닐을 깔아 준비한다.

❷ 철판에 반죽을 꼭꼭 눌러 담아 평평하게 한다.

❸ 냉동실에서 24시간 휴지한다.

❹ 가로 · 세로 4cm, 두께 0.7cm로 잘라 철판에 패닝한다.

3. 굽기

190~200℃/160℃에서 8~12분 굽는다.

재료명	중량(g)
버터	1,200
피넛버터	1,200
설탕	3,000
달걀	12개
박력분	3,600
소다	22
바닐라향	조금

샤브레 쿠키(냉동)

1. 반죽하기

❶ 버터를 마요네즈 상태로 풀어준다.

❷ 분당과 소금을 넣고 풀어준다.

❸ 계란을 넣고, 체질한 베이킹 파우더와 박력분을 넣은 뒤 그뤼에 카카오를 넣고 섞는다.

2. 성형하기

❶ 지름 2.5~3cm 원통형으로 만든 뒤 겉에 설탕을 묻힌다.

❷ 유산지나 비닐을 이용하여 모양을 잡아준다.

3. 휴지하기

냉동실에 하루 휴지한다.

4. 패닝하기

두께 0.7~1cm로 잘라 철판에 놓는다.

5. 굽기

200℃/120℃에서 8~12분 굽는다.

재료명	중량(g)
버터	300
베이킹 파우더	10
달걀	80
분당	250
소금	4
박력분	500
그뤼에 카카오	50

초코 사브레 쿠키

1. 반죽하기

❶ 버터를 마요네즈 상태로 풀어준다.

❷ 분당과 소금을 넣고 풀어준다.

❸ 달걀 노른자를 넣고, 체질한 베이킹 파우더+박력분+코코아 가루를 넣은 뒤 파에테 포요틴을 넣고 섞는다.

2. 성형하기

20g씩 분할하여 동그랗게 만든 뒤 눌러서 팬에 담는다.

3. 굽기

200℃/120℃에서 8~12분 굽는다.

재료명	중량(g)
버터	320
베이킹 파우더	10
달걀 노른자	100
분당	320
소금	4
박력분	450
파에테 포요틴	66
코코아 가루	40

MEMO

제과제빵기능사 실기시험

2007. 4. 9. 초 판 1쇄 발행
2024. 4. 3. 개정증보 6판 1쇄 발행

저자와의
협의하에
검인생략

지은이 | 김현숙, 이판욱
펴낸이 | 이종춘
펴낸곳 | **BM** (주)도서출판 **성안당**
주소 | 04032 서울시 마포구 양화로 127 첨단빌딩 3층(출판기획 R&D 센터)
10881 경기도 파주시 문발로 112 파주 출판 문화도시(제작 및 물류)
전화 | 02) 3142-0036
031) 950-6300
팩스 | 031) 955-0510
등록 | 1973. 2. 1. 제406-2005-000046호
출판사 홈페이지 | www.cyber.co.kr
ISBN | 978-89-315-8660-2 (13590)
정가 | 24,000원

이 책을 만든 사람들
책임 | 최옥현
기획·진행 | 김원갑
교정·교열 | 김원갑
본문 디자인 | 임흥순
표지 디자인 | 박원석
홍보 | 김계향, 유미나, 정단비, 김주승
국제부 | 이선민, 조혜란
마케팅 | 구본철, 차정욱, 오영일, 나진호, 강호묵
마케팅 지원 | 장상범
제작 | 김유석

www.cyber.co.kr
성안당 Web 사이트

■ **도서 A/S 안내**

성안당에서 발행하는 모든 도서는 저자와 출판사, 그리고 독자가 함께 만들어 나갑니다.
좋은 책을 펴내기 위해 많은 노력을 기울이고 있습니다. 혹시라도 내용상의 오류나 오탈자 등이 발견되면 **"좋은 책은 나라의 보배"**로서 우리 모두가 함께 만들어 간다는 마음으로 연락주시기 바랍니다. 수정 보완하여 더 나은 책이 되도록 최선을 다하겠습니다.
성안당은 늘 독자 여러분들의 소중한 의견을 기다리고 있습니다. 좋은 의견을 보내주시는 분께는 성안당 쇼핑몰의 포인트(3,000포인트)를 적립해 드립니다.
잘못 만들어진 책이나 부록 등이 파손된 경우에는 교환해 드립니다.

제과제빵기능사
실기시험

제과제빵기능사
실기시험

제과제빵기능사
실기시험